1+X职业技能等级证书（人机对话智能系统开发）配套教材

人机对话智能系统开发
（初级）

组　编　腾讯云计算（北京）有限责任公司
　　　　智赢未来教育科技有限公司
主　编　王新强　刘东京
副主编　李国燕　丁爱萍　姜　鑫　朱金坛
　　　　韩少男　陈维鹏　林旭钿
参　编　王晓敏　卢冠男　蔡　杰　汪　涛
　　　　邢海燕　夏东盛　王永乐　孟思明

机械工业出版社

本书共7个单元、20个任务，包括人机对话系统基础编程、语音数据处理、语音识别、语义识别、语音合成及基础测试等相关知识，案例基于腾讯云小微等应用场景，适配岗位需求，注重学生动手能力和实际问题解决能力的培养。本书采用逆向课程设计、通过任务驱动讲解技能点和知识点，使用"任务描述→任务目标→任务分析→任务技能→任务实施"的方式使读者在学习知识时能够融会贯通、举一反三。

本书可用于"1+X"证书试点工作中的人机对话智能系统开发职业技能等级证书的教学和培训，适合作为职业本科、各类职业院校、技师院校的教材，也适合作为从事语音处理、人机对话系统开发、管理与测试等技术人员的参考书。

本书基于以"互联网+"实现终身学习为理念，配套PPT课件、源代码、教学视频（可扫描书中二维码观看）、相关案例及素材等资源，凡选用本书作为授课教材的教师可以登录机械工业出版社教育服务网（www.cmpedu.com）免费注册后下载，或联系编辑（010-88379194）咨询。

图书在版编目（CIP）数据

人机对话智能系统开发：初级 / 腾讯云计算（北京）有限责任公司，智赢未来教育科技有限公司组编；王新强，刘东京主编．—北京：机械工业出版社，2021.8（2024.8重印）

1+X职业技能等级证书（人机对话智能系统开发）配套教材

ISBN 978-7-111-68876-1

Ⅰ．①人… Ⅱ．①腾… ②智… ③王… ④刘… Ⅲ．①人机对话—系统开发—职业技能—鉴定—教材 Ⅳ．①TP11

中国版本图书馆CIP数据核字（2021）第158635号

机械工业出版社（北京市百万庄大街22号 邮政编码100037）
策划编辑：梁 伟　　　责任编辑：李绍坤　张星瑶
责任校对：李 伟　　　封面设计：鞠 杨
责任印制：邓 博

北京盛通数码印刷有限公司印刷

2024年8月第1版第3次印刷
184mm×260mm・13.5印张・313千字
标准书号：ISBN 978-7-111-68876-1
定价：45.00元

电话服务　　　　　　　　网络服务
客服电话：010-88361066　　机　工　官　网：www.cmpbook.com
　　　　　010-88379833　　机　工　官　博：weibo.com/cmp1952
　　　　　010-68326294　　金　书　网：www.golden-book.com
封底无防伪标均为盗版　　　机工教育服务网：www.cmpedu.com

人机对话是人工智能领域最具挑战性的任务之一,也是构建未来人机共融社会的重要基础和支撑。随着人工智能技术的发展,人机对话系统在智能家居、智能客服等领域得到长足的发展。它不仅能给人类日常生活带来直接的便利,还可以弥补使用者的情感空洞。

目前人机对话智能系统开发的相关技术人才紧缺,院校相关课程开设不足,培养的人才不能有效匹配现在市场的岗位需求,阻碍了产业经济的升级发展。作为填补人机对话智能系统开发技术应用领域复合型人才缺口的有效途径,"人机对话智能系统开发"证书认证体系能丰富职业院校课程体系,为学生提供接触学习前沿科技的机会,拓宽就业选择,加强人工智能等新职业新技能的培训力度,从而为科技企业源源不断地输送科技应用型人才,促进社会经济的发展。

本书为"1+X"证书试点工作中的人机对话智能系统开发职业技能等级证书的初级教材,主要内容如下。

单元1重点介绍了人机对话系统概述、发展历史、典型产品及人机对话系统的原理、技术及分类,通过腾讯云小微平台体验人机对话系统并实现创建应用。

单元2详细介绍了Python基础编程语言,包括Python语言的特点、开发环境的搭建、基本语法、列表和集合的应用、类、JSON的使用及面向对象的特征等。

单元3详细介绍了语音数据的加工和处理技术,包括语音数据的采集及预处理方法、语音标注的概念及流程、语音标注规范及质量检测方法等。

单元4详细介绍了语音识别技术,包括语音识别技术的概述、发展及现状、原理及应用,分别以腾讯云小微语音识别接口和pywin32语音识别模块调用为案例讲解。

单元5详细介绍了语义识别技术,包括语义识别技术的概述、分类及分析方法、应用场景,分别以腾讯云小微语义识别接口调用和TF-IDF模型实现为案例讲解。

单元6详细介绍了语音合成技术,包括语音合成技术的概述、发展现状、技术框架,常用的波形拼接法和参数合成法,分别以腾讯云小微语音合成接口和SAPI语音合成模块调用为案例讲解。

单元7详细介绍了人机对话系统软件测试基础技术,包括软件测试的定义、目的及原则,测试的模型和分类,接口测试的基本原理,Postman接口测试工具的使用。基于腾讯云小微平台实现功能测试和压力测试案例讲解,通过Postman工具实现对腾讯云小微语音识别、语义识别及语音合成接口的测试。

本书由腾讯云计算（北京）有限责任公司和智赢未来教育科技有限公司组编，由王新强、刘东京任主编，李国燕、丁爱萍、姜鑫、朱金坛、韩少男、陈维鹏、林旭钿任副主编，参与编写的还有王晓敏、卢冠男、蔡杰、汪涛、邢海燕、夏东盛、王永乐、孟思明。本书依托腾讯云计算（北京）有限责任公司的云小微对话机器人产品，基于云小微开放平台及企业、行业人机对话应用案例编写而成。

  由于编者水平有限，书中难免存在不足之处，恳请读者批评指正。

编 者

二维码索引

序号	任务名称	二维码	页码	序号	任务名称	二维码	页码
1	1-1 任务2 知识准备 人机对话智能系统技术原理		11	9	5-1 任务1 任务实施 语义识别1		143
2	1-2 任务2 任务实施 云小微设备平台如何创建应用		16	10	5-1 任务1 任务实施 语义识别2		143
3	2-1 任务2 知识准备 函数		48	11	6-1 任务1 任务实施 语音合成1		160
4	2-2 任务3 知识准备 列表及应用		54	12	6-1 任务1 任务实施 语音合成2		160
5	3-1 任务1 任务实施 语音数据采集		87	13	7-1 任务2 任务实施		189
6	3-2 任务2 任务实施 语音数据降噪处理		92	14	7-2 任务3 任务实施		197
7	4-1 任务1 任务实施 语音识别1		123	15	7-3 任务4 任务实施		204
8	4-1 任务1 任务实施 语音识别2		124				

目录

前言
二维码索引

单元 1
初识人机对话系统　　1
- 任务1　人机对话系统基础　　2
- 任务2　人机对话智能系统　　11
- 单元小结　　23
- 单元评价　　23
- 课后习题　　24

单元 2
人机对话系统基础入门　　25
- 任务1　安装Python开发环境　　26
- 任务2　使用Python基本语法　　37
- 任务3　应用Python数据类型　　53
- 任务4　搭建Python语音识别框架　　61
- 任务5　使用Python中的JSON　　70
- 单元小结　　75
- 单元评价　　75
- 课后习题　　75

单元 3
语音数据加工处理　　77
- 任务1　语音数据概述与采集　　78
- 任务2　语音数据预处理　　89
- 任务3　标注语音数据　　96
- 单元小结　　110
- 单元评价　　110
- 课后习题　　111

单元 4
人机对话系统语音识别实战　　113
- 任务1　实现腾讯云小微API语音识别　　114
- 任务2　实现pywin32模块语音识别　　125
- 单元小结　　131
- 单元评价　　131
- 课后习题　　132

单元 5
人机对话系统语义识别实战　　133
- 任务1　实现腾讯云小微API语义识别　　134
- 任务2　实现TF-IDF语义识别　　145
- 单元小结　　150
- 单元评价　　150
- 课后习题　　151

单元 6
人机对话系统语音合成实战　　153
- 任务1　实现腾讯云小微API语音合成　　154
- 任务2　实现SAPI语音合成　　162
- 单元小结　　170
- 单元评价　　171
- 课后习题　　171

单元 7
人机对话系统软件测试实战　　173
- 任务1　软件测试基础　　174
- 任务2　Postman测试工具　　185
- 任务3　语音识别接口测试　　194
- 任务4　语音合成接口测试　　202
- 单元小结　　206
- 单元评价　　206
- 课后习题　　207

参考文献　　208

UNIT 1

单元 1
初识人机对话系统

学习目标

⇨ 知识目标

- 了解人机对话系统。
- 了解对话机器人的发展历史。
- 熟悉典型的人机对话系统产品。
- 掌握人机对话智能系统技术原理。
- 熟悉人机对话智能系统的组成。
- 熟悉对话机器人分类。
- 掌握对话机器人的分类及行业形态。

⇨ 技能目标

- 能够通过不同方式打开腾讯云小微开放平台。
- 能熟练运用腾讯云小微开放平台。
- 能够在腾讯云小微开放平台创建应用并配置基本信息。

任务1 人机对话系统基础

任务描述

随着人工智能技术的快速发展，对话机器人也受到越来越多的关注，如智能音箱、车载导航等都提供了语音对话功能。本任务通过对人机对话系统的概念、发展历史及相关案例应用的讲解，帮助读者了解人机对话系统的相关基础知识，通过对腾讯云小微开放平台的体验加深读者对人机对话相关知识的理解，为学习人机对话智能系统打下基础。

任务目标

通过本次任务对人机对话系统有一个简单的了解，并体验腾讯云小微的拍照识物、语音识别、语音合成、声纹识别、AR演示、翻译君和虚拟人7项功能。

任务分析

体验腾讯云小微开放平台的思路如下：

第一步：打开APP或者扫描二维码进入微信小程序。

第二步：体验其中的拍照识物、语音识别、语音合成、声纹识别、AR演示、翻译君和虚拟人7个功能模块，并进行测试。

知识准备

1. 人机对话系统概述

人机对话（Human-Machine Conversation）是指利用语音识别/合成、语言理解/生成等技术，模仿人际间的对话方式，实现人与计算机的信息交流。例如，通过人机对话交互，用户可以获取想要知道的信息，人机对话示例如图1-1所示。由图可知，通过人与机器之间的对话能够得知天气情况、当前上映的电影，完成电影票预订等服务。

人机对话是人工智能领域最具挑战性的任务之一，也是构建未来人机共融社会的重要基础和支撑。人机对话行业的工作主要体现在对话机器人的应用。

单元1
初识人机对话系统

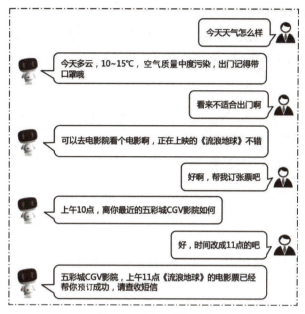

图1-1　人机对话示例

2．对话机器人的发展历史

（1）对话机器人的重要历史时期

对话机器人既可以在特定的软件平台（如PC平台或者移动终端设备）上运行，也可以在类人的硬件机械体上运行，如智能音箱、车载等。从20世纪60年代到20世纪末，对话机器人大约经历了三个重要的历史时期。

第一个时期（1966年），麻省理工学院（MIT）的约瑟夫·魏泽鲍姆（Joseph Weizenbaum）开发了对话机器人ELIZA，用于在临床治疗中模仿心理医生，如图1-2所示。值得注意的是尽管ELIZA的实现技术仅为关键词匹配及人工编写的回复规则，但魏泽鲍姆本人对ELIZA的表现感到吃惊，随后撰写了Computer Power and Human Reason一书，表达他对人工智能的特殊情感。

图1-2　对话机器人ELIZA

第二个时期（1988年），加州大学伯克利分校（UC Berkeley）的罗伯特·威林斯基（Robert Wilensky）等人开发了名为UC（UNIX Consultant）的对话机器人系统。UC是一款帮助用户学习怎样使用UNIX操作系统的机器人。它具备了分析用户的语言、确定用户操作的目标、给出解决用户需求的规划、决定需要与用户沟通的内容、以英语生成最终的对话内容以及根据用户对UNIX操作系统的熟悉程度进行建模的功能。

第三个时期（1995年），受到ELIZA对话机器人的启发，理查德·华勒斯（Richard S. Wallace）博士在1995年开发了ALICE系统，并于1998年开源。目前全世界有超过500

— 3 —

个开发者为ALICE项目贡献代码。值得注意的是，随着ALICE一同发布的AIML（Artificial Intelligence Markup Language）目前被广泛应用在移动端虚拟助手的开发中。尽管ALICE采用的是启发式模板匹配的对话策略，但是它仍然被认为是同类型对话机器人系统中性能最好的系统之一。

进入21世纪后，对话机器人随着人工智能的兴起有了长足的发展。对话机器人的应用场景愈加广泛，如金融、电信、旅游、餐饮等领域。

（2）对话机器人的未来发展趋势

伴随着智能技术与生态系统的日益成熟与完善，聊天机器人创业公司也蓬勃发展，各种丰富的语音交互机器人如图1-3所示。不过由于对话机器人还处于发展的早期阶段，其在未来得到跨越式发展也是非常具有挑战性的，要面临的最大的挑战之一就是如何访问并获取大量数据。例如，在大量零售业的应用中，很多消费者并不想与计算机互动，他们更希望有真人客服来帮助其解决问题。但对于零售商而言，他们希望能够利用这项最新的技术来调整服务，并为消费者提供更加简单高效的产品订购方式。

图1-3　语音交互机器人

研究人员在编译收集各种数据后，更专注人性化的智能语音交互技术。同一个群体的不同成员对于同一件事都会有完全不同的描述方式，那么这时候对话机器人将如何与人们进行交互？此外，何时才是机器人插入对话的合适时机？它们是如何引导广大用户群体找到正确的解决方案的？对话机器人在交互中需要更加拟人化，才能够更好地理解、整合语境和识别意图。

整体来看，对话机器人目前的技术还未能实现完全智能的对话，并不具备真正的人工智能特征。对话机器人现在是研究热点，也是趋势，要实现真正智能的对话机器人任重道远。

3．典型的人机对话系统产品

近年来，无论是在企业客户服务型机器人，还是在个人助理等方面都涌现了对人机对话系统的巨大需求。前者可以有效降低企业的客户服务人力成本，后者可以帮助人们更自然地获取信息服务。在个人助理方面，目前有苹果公司的Siri与微软公司的小冰等；在中文客户服务机器人方面,目前有腾讯叮当、云问机器人等产品。下面列举几个典型的人机对话产品。

(1)腾讯叮当

腾讯叮当是腾讯整合了信息服务、内容服务、生活服务和各种硬件的连接服务后,基于腾讯技术生态和内容生态迅速发展的一款产品,也是腾讯在人工智能领域的探路石。叮当智能屏如图1-4所示。

图1-4 叮当智能屏

腾讯叮当将语音唤醒、语音识别、语义分析、语音合成、信令收发等核心能力以及音乐、天气、FM等众多的内置资源和服务提供给音箱、电视、耳机、OTT盒子等传统硬件领域的合作伙伴,实现用户与设备、设备与服务之间的联动。

(2)苹果Siri

Siri是苹果公司在其产品iPhone 4S、iPad 3及以上版本的产品中应用的一项语音控制功能,如图1-5所示。Siri可以使产品变身为一台智能化机器人,用户可以利用Siri读取短信、查找餐厅、询问天气、用语音设置闹钟等,Siri支持自然语言输入,并且可以调用系统自带的天气预报、日程安排、资料搜索等应用,还能够不断学习新的声音和语调,提供对话式的应答。

图1-5 苹果上的Siri

(3)微软小冰

2014年4月2日,微软发布个人机器人助理Cortana。微软将Cortana定位为个人助理,并将其嵌入微软公司发布的Windows操作系统中。同时，微软发布了另一款聊天机器人——小冰，它主要用于闲聊和情感陪伴。2020年8月，微软对小冰进行了功能升级，推出了第八代小冰。微软官网对小冰的介绍如图1-6所示。

图1-6　微软小冰

任务实施

1. 体验腾讯云小微开放平台

腾讯云小微开放平台的体验可以在手机APP"腾讯云叮当"或微信小程序"腾讯云小微"上进行，本任务主要介绍如何在"腾讯云小微"小程序中进行体验。

在微信中搜索"腾讯云小微"小程序，单击进入后即可进行测评体验，或用微信扫描如图1-7所示的二维码也可直接进入小程序。

图1-7　腾讯云小微二维码

腾讯云小微小程序支持语音识别（Automatic Speech Recognition）、语音合成（Text to Speech）、机器翻译（Machine Translation）、智能对话（Tencent Bot）等多种测试功能。

2. 腾讯云小微开放平台体验内容

进入微信小程序后可以和小微聊天，单击界面右下角的列表按钮，可进入多功能界面，如图1-8所示。

单元1
初识人机对话系统

图1-8　进入界面

第一步：拍照识物。进入拍照识物后可以直接拍照或者从相册中选取图片进行识别，可以识红酒、识手势、识汽车、识花草、识水果、识书封面、识名画、识明星等，下面分别识别了一个鼠标和打电话的手势，如图1-9所示。

图1-9　拍照实物

第二步：语音识别。按住录音按钮，录入一段语音，小微自动识别出来，例如，录入"对话系统是自然语言处理领域的一颗璀璨明珠"，录入后会形成一段语音并识别为文字，如图1-10所示。

图1-10 语音识别

第三步：语音合成。在文本框中输入一段文本，在合成选项选择想要的引擎、模型、性别、声优，例如，输入"参数系统，离线系统的整套技术能力，属于业界前列水平。"模型：普通；性别：女声；声优：叮当，如图1-11所示。

图1-11 语音合成

第四步：声纹识别。声纹识别模块分为声纹识别和声纹注册两个部分，先进入声纹注册，填写昵称，之后录入自己的声音。最后进入声纹识别，按住话筒输入语音，就能识别自己的声音了，如图1-12所示。

图1-12 声纹识别

第五步：AR演示。进行图1-13中的操作，单击打开其中任意一个视频都能看到一个十分真实的AR演示，宛如在你面前一般。

图1-13 AR演示

第六步：翻译君。录入一段中文或英文后进行翻译，如图1-14所示。

图1-14　翻译君

第七步：虚拟人。这个功能模块可以实现和小微聊天，只不过在上方有一个虚拟的人物和她所说的话同步，让用户感觉是在跟真人对话一般，如图1-15所示。

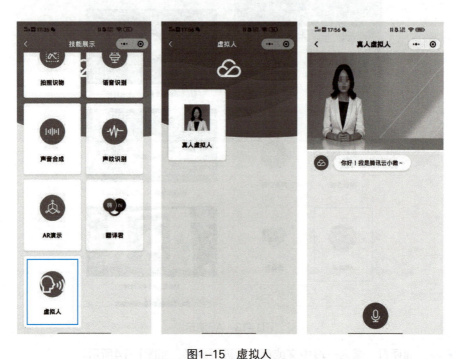

图1-15　虚拟人

任务2 人机对话智能系统

任务描述

上一任务中体验了腾讯云小微的核心功能,本任务将在学习人机对话系统的原理及分类的基础上,通过腾讯云小微对话平台创建"地理万知"应用,并进行相应的参数配置。

任务目标

通过本任务了解人机对话系统中的基本概念和技术,并选择预期接入应用的设备,在其中创建应用以及配置相应的信息和应用技能。

任务分析

在腾讯云小微设备平台创建"地理万知"应用以及配置相应的信息和应用技能的思路如下:

第一步:在设备平台中创建新的应用,并填写基本的信息和版本号。

第二步:在新的应用中导入官方技能、自建技能或来自其他项目的技能。

知识准备

1. 人机对话智能系统概述

(1)人机对话智能系统技术原理

扫码看视频

通常一个完整的对话机器人框架如图1-16所示,主要包括语音识别、自然语言理解、对话管理、自然语言生成、语音合成5个主要的功能模块。基本流程是声学硬件将收集到的语音流通过语音识别转化为文本信息,再经过自然语言处理技术的一系列处理,对人的语音会话做出一系列的应答文本,并利用语音合成技术播放机器与人的交互语音流。

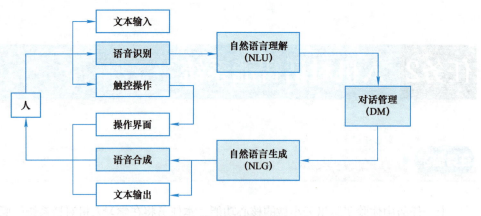

图1-16　人机对话基本模块

特别需要注意的是，并不是所有的对话机器人都需要语音技术。例如，以文字方式实现人机交互的对话机器人系统就不需要语音识别和语音合成模块。但是语音识别和语音合成是语音处理领域基础且重要的技术，将在后边的单元中具体学习。

（2）语音识别

语音识别技术也被称为自动语音识别（Automatic Speech Recognition，ASR），目标是让计算机能够"听写"出不同人所说的连续语音，也就是俗称的"语音听写机"，是实现"声音"到"文字"转换的技术。比如，微信里有一个功能是"语音转文字"，它利用了语音识别技术。智能音箱就是以语音识别为核心技术的产品。

语音识别技术适用于家用电器和电子设备，如电视、计算机、汽车等的声控遥控器，电话、手机、平板计算机等的声控拨号，数字录音机的声控语音检索，儿童玩具的声控等，也可用于个人、呼叫中心以及电信级应用的信息查询与服务等领域。

（3）自然语言理解

自然语言处理（Natural Language Processing，NLP）是人工智能和语言学领域的分支学科，探讨如何处理并运用自然语言。它是一个比较宽泛的概念，包括对话机器人接收到用户所述内容之后所进行的话术分解、语义分析，并根据分析结果确定适当的操作，以用户能理解的语言进行回复等。

对话机器人能够处理用户的信息，主要依赖于自然语言处理技术，包括自然语言理解、对话管理、自然语言生成3个部分。

自然语言理解（Natural Language Understanding，NLU）是指将识别出来的文本信息转换成机器可以理解的语义表示。

（4）对话管理

对话管理（Dialogue Management，DM）根据NLU输出的语义表示执行对话状态的更新和追踪，并根据一定策略选择相应的候选动作。

随着语音识别等技术的日渐完善，作为人机对话系统核心功能体现的对话管理逐渐成为研究热点。对话管理控制用户和系统的整个对话过程，决定系统的所有动作，因此对话管理的设计完善程度关系着整个系统的性能。一方面，用户在对话过程中可以不断修改或完善自己的需求，另一方面，当用户陈述的需求不够具体或明确的时候，机器人也可以通过询问、澄清或确认的方式来帮助用户找到满意的结果。

（5）自然语言生成

自然语言生成（Natural Language Generation，NLG）负责生成需要回复给用户的自然语言文本。目前自然语言生成主要基于模板和深度学习模型。

比如，在航班预订人机交互系统中生成以下模板，用于反馈航班查询失败的信息："抱歉，您预订的{航班号}并不存在，请重新输入航班号信息。"这里只提供航班号信息和航班查询失败动作，便可以生成对话。由此可见，基于模板生成的方法具有构建简单、操作便捷等优点。但大量模板的维护会导致成本增加，此外机器人回答较为生硬，使用户体验不佳。

基于深度学习的方法需要经过大量模型训练，但交互较为丰富，人工维护成本较低。

（6）语音合成

语音合成（Text to Speech，TTS）负责将自然语言文本转换成语音输出给用户。它是人机语音交互中不可或缺的模块之一。如果说语音识别技术是为了让机器能够"听懂"人说的话，那么语音合成技术则让机器能够跟人"说话"。无论是在地图导航、语音助手、教育、娱乐等软件应用，还是在智能音箱、家电、机器人等硬件设备中，都有语音合成技术的身影。

2．对话机器人分类

近年来，对话机器人系统的应用层出不穷，从场景覆盖面、智能化程度、行业形态等方面都可以把对话机器人分为多种类别。

（1）场景覆盖面

对话系统按照应用场景覆盖面分类，可以分为开放域和限定域。

开放域的聊天机器人可以通过各种话题和用户展开互动，用户不需要有明确的目的或意图。比如，面向社交媒体网站上的对话通常是开放领域的，它们可以谈论任何方向的任何话题。无数的话题以及生成对应合理反应所需要的知识规模，使得实现开放域的聊天机器人具有相当大的难度。开放域的机器人主要应用在娱乐方面，如聊天、虚拟形象、儿童玩具等娱乐领域。代表性的系统如微软"小冰"、图灵机器人等。

对于限定域的聊天机器人，用户只能同聊天机器人聊设定好的固定主题。因此限定域的机器人搭建更简单实用。因为对话系统试图实现一个非常特定的目标，所以其可能的输入和输出的空间是有限的。比如，针对IT技术支持或电子商务领域的购物助理，这些系统不需要谈论政治等话题，只需要尽可能有效地完成具体任务。限定域机器人主要应用于在线客服、教育、个人助理和智能问答等场景。代表性的系统有"腾讯叮当""小爱同学""开心熊宝"等。

（2）智能化程度

对话系统按照智能化程度的表现形式可以分为单轮对话和多轮对话两种。

单轮对话是智能对话系统的初级应用。一般表现为一问一答的形式，用户提出问题或发出请求，系统识别用户意图，作出回答或执行特定操作。单轮对话的本质在于取代人工工作中高度重复的、标准化的客户资讯，可以理解为一个高效率的自助服务帮助文档或者知识库，可以帮助用户快速获取信息、提升咨询的效率。单轮对话主要应用在目标明确且会话行程短的浅服务类项目中，如电商平台客服机器人提供的产品介绍、订单信息查询、退换货流程介绍等内容，如图1-17所示为车票改签。

图1-17　车票改签

与单轮对话相比，多轮对话的模式通常表现为有问有答的形式。智能机器人对话系统与用户进行多轮对话的过程可以理解为机器人进行"信息检索+决策"的过程，也就是机器人对话系统需要在与用户对话的过程中反复询问特定条件、查询并提供结果，从而为用户提供信息或服务。多轮对话机器人的目标用户通常是带着明确目的的，不过用户的需求较单轮对话来说更加复杂，用户希望得到的信息或服务往往是能够通过限定条件来实现聚焦的。通常可以应用在信息搜索、商品或服务推荐、咨询等场景中。

（3）行业形态

行业中通常将对话机器人分为三类：聊天机器人、任务机器人、问答机器人。

1）聊天机器人。聊天机器人是最早产生的机器人形态，其应用场景主要是同用户寒暄、闲聊，它的对话领域往往是开放的，无任务导向。

聊天机器人的对话内容是不可控的，机器人不知道用户下一句话会说什么。通常聊天机器人会根据大数据构建一个闲聊库，根据用户的对话，检索类似的问题进行回答。聊天机器人对话的优化目标是与用户聊得越久越好。聊天机器人示例如图1-18所示。

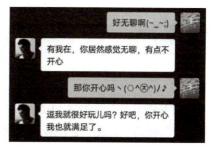

图1-18　聊天机器人示例

2）任务机器人。任务机器人主要指的是用户通常带着某种意图进行对话，需要机器人完成某项任务，如查天气、查流量、订机票等。由于用户的需求较为复杂，通常需要多轮互动，但是在一些简单的场景（如控制开关等）中，通过单轮互动也可以完成目标。

任务机器人对话的优化目标是用最短的对话次数来满足用户的需求，如图1-19所示。可以看到用户说的每一句话都可以转换成明确的参数，对话机器人收集到所有的参数后，完成整个任务。

图1-19　任务机器人示例

3）问答机器人。问答型机器人通常也有任务目标，例如，回答"妈妈的英文是什么？""肺炎的典型症状是什么？"，但是不需要像任务机器人那样转换成参数，而且比任务机器人更加精确、可控和简单，通常应用于客服场景。

问答机器人对话的优化目标是用最短的对话轮次来满足用户的需求。只要解决了问题，聊天时间越短越好。问答机器人示例如图1-20所示。

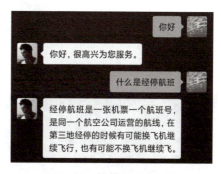

图1-20　问答机器人示例

问答机器人又可以分为面向FAQ（Frequently Asked Questions，常见问题解答）和面向KB（Knowledge Base，结构化查询）的机器人。

FAQ是根据用户的问题去FAQ知识库匹配最合适的答案并反馈给用户。KB区别于FAQ，它的答案不是一条文本，且不同答案之间存在某种结构。例如，"查询姓名为李丽的学生的学号为多少"，如果按照FAQ方式枚举问题，将极大增加系统负担，难以保障对话匹配的准确度。

面向FAQ的问答基本为单轮完成，应用更广泛。面向KB的问答涉及大量的数据标注，在任务数量很多时精度不是很理想,还不够成熟。

任务实施

扫码看视频

1. 创建应用

打开腾讯云小微网站（https://dingdang.qq.com/doc/page/15），单击框内的"设备平台"按钮,如图1-21所示,之后单击QQ或者微信进行登录,如图1-22所示,最后进入设备开放平台后单击左侧的"新建应用"按钮即可进入配置界面,如图1-23所示。

图1-21 腾讯云小微

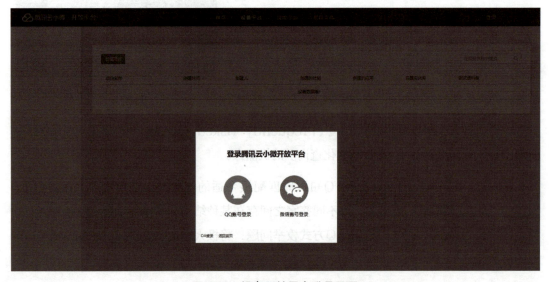

图1-22 设备开放平台登录界面

图1-23 设备平台界面

第一步：配置设备系统与应用场景。

选择预期接入应用的设备，其中有屏设备包含手机应用、车机（车载设备）、电视、手表、有屏机器人、有屏音响等，无屏设备主要包含无屏音响、耳机、微信公众号、无屏机器人等。不同的设备可支持的操作系统也不同，需要根据实际情况来进行选择。

在这里为了方便理解，直接创建一个设备系统为"Android"，应用场景为"手机应用"，应用模式为"标准模式"的应用，如图1-24所示。

第二步：填写应用基本信息。

输入应用名称和应用描述并选择页面展示方式，建议使用"公司+产品"的形式进行命名，如"腾讯云小微"，应用描述填写该应用的使用场景和用途等。

创建的手机应用命名为"地理万知"，应用描述为"拥有大量的地理知识、山川湖海、国家地理、旅游景点信息，为您解答关于地理方面的一切问题"，如图1-25所示。

第三步：填写设备应用版本号。

填写版本号，格式为×.×.×.×，例如1.0.0.0。版本号生效以后将无法修改。版本号主要用来配合终端版本的更新，也可以用版本号来区分所创建的应用。

手机应用"地理万知"的版本号就可以写为"1.0.0.0"，如图1-26所示。以后如果对应用进行更新，版本号可改为"1.0.0.1"。

图1-24 应用场景

图1-25 基本信息

图1-26 版本号

对于已经发布的应用,可以进入应用,到"应用版本"→"版本管理"中进行版本更新或其他版本管理操作,如图1-27所示。

图1-27 版本管理

2．应用配置

第一步:配置基本信息。

开发者可在建立应用后进行信息配置,如果对所创建"地理万知"的名称、应用描述不太满意,或想添加一个应用图标,可以进入所创建的应用到"应用概览"界面进行修改,如图1-28所示。在这个界面中有三个属性Product ID、APP KEY、AccessToken,下面列出了它们的定义。

Product ID:同一品类的设备共享一个Product ID,它由设备开放平台生成,具体格式为 APP KEY:AccessToken。

APP KEY：云小微为厂商应用分配的应用标识。

AccessToken：用户的接口调用凭证。

图1-28 配置基本信息

第二步：配置版本信息。

开发者可在"应用版本"→"技能配置"中进行技能的修改。如果需要上线正式环境给外部用户使用，请务必先发布，如图1-29所示。

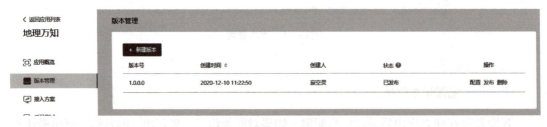

图1-29 配置版本信息

开发者可在"应用版本"→"质量测试"中测试并查看此应用相关语料的准确度，如图1-30所示。

第三步：导入来自项目的其他应用技能。

将之前已经配置好的应用技能组合直接导入当前正在创建的应用中，在"技能配置"部分选择覆盖导入，选择已配置好的应用所在项目、应用名称、应用版本并单击"确定"按钮进行导入，如图1-31所示。

图1-30　质量测试

图1-31　导入技能配置

第四步：接入官方推荐技能。

官方默认为每个应用配置一批技能，如图1-32所示。如果不需要导入来自其他应用的技能，可以选择应用官方推荐的技能，也可以根据需求在官方推荐技能的基础上进行编辑，增加或删除个别技能。

如果不小心删错了技能，可以单击"版本号"右边的"从公开技能库导入"按钮，在里面可以找到官方推荐的默认技能，如图1-33所示。

因为"地理万知"应用的功能是查询各种地理知识，所以只需要导入"地理信息查询"技能即可，删除其他技能，如图1-34所示。

第五步：接入自建技能。

技能配置中支持添加用户的自定义技能，可以到腾讯云小微技能平台创建自定义技能，具体创建流程可参照技能开放平台操作文档。自建技能发布后，可返回设备平台的创建应用部分，在"可选自建技能"中选择自定义的技能并添加到应用中。

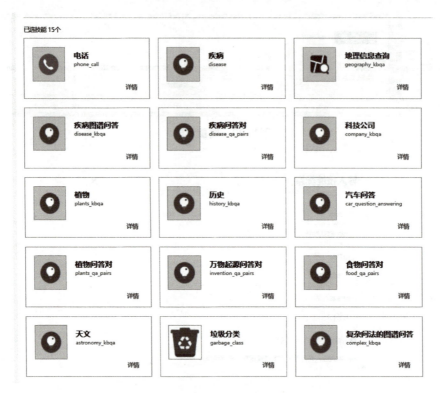

图1-32　官方默认技能

图1-33　公开技能库导入

图1-34 导入技能

单元小结

人机对话一直是人工智能中一个颇具难度的研究领域。它不仅能给人们的日常生活带来直接的便利,还能够弥补使用者的情感空洞。通过本单元对人机对话系统的学习,读者了解了什么是人机对话系统、对话机器人的发展历史,掌握了人机对话智能系统分类、对话机器人分类等内容,并通过对腾讯云小微开放平台体验和创建"地理万知"应用,具备了自己使用腾讯云小微平台创建应用的能力。

单元评价

通过学习以上任务,看看自己是否掌握了以下技能,在技能检测表中标出已掌握的技能。

评价标准	自我评价	小组评价	教师评价
了解对话机器人的发展历史以及对话机器人在生活中的案例			
能够熟练进入腾讯云小微开放平台并使用其中的七项功能			
熟悉人机对话智能系统技术原理以及五个重要模块			
了解对话机器人的三种形态并学会区分			
能够在设备平台中创建应用			
能够在所创建应用中配置基本信息和技能			

备注:A为能做到;B为基本能做到;C为部分能做到;D为基本做不到。

课后习题

一、选择题（多选）

1．在对话机器人的三个重要历史时期，哪三个最具有代表意义的聊天机器人或系统被创造了出来？（　　　）

　　A．聊天机器人ELIZA　　　　　　B．UC聊天机器人系统

　　C．AlphaGo机器人　　　　　　　D．ALICE系统

2．进入21世纪后聊天机器人在哪两个领域得到了较多发展？（　　　）

　　A．开放领域　　B．封闭领域　　C．垂直领域　　D．客服领域

3．下列哪些是人机对话的案例？（　　　）

　　A．腾讯—叮当　　B．苹果—Siri　　C．百度—小度　　D．微软—小娜

4．人机对话包含哪三个模块？（　　　）

　　A．语言理解　　B．对话管理　　C．语言生成　　D．语言管理

5．对话机器人形态分为哪几类？（　　　）

　　A．服务机器人　　B．问答机器人　　C．任务机器人　　D．聊天机器人

二、实践操作

在腾讯云小微的设备平台上创建一个Android系统的微信公众号，应用模式为标准模式，名称为"汽车宝典"，具有查询大部分汽车相关知识的功能，版本号为1.0.0.0。应用发布完毕后，可直接在"汽车宝典"界面的右侧进行快速体验，可以提问几个问题，例如，路虎和宝马哪个好、奥迪A4和宝马3系哪个好。

UNIT 2

单元 2
人机对话系统基础入门

学习目标

⇨ 知识目标

- 了解Python语言的特点。
- 掌握Python的安装。
- 掌握Python中的基本语法。
- 掌握Python中列表和集合的应用。
- 熟悉Python类的定义。
- 掌握Python中JSON的使用。
- 了解面向对象的程序设计特征以及类的实例化与继承。

⇨ 技能目标

- 使用PyCharm创建Python文件,并输出简单代码。
- 能自定义函数,使用分支结构和循环结构完成基本操作。
- 能了解Python数据结构的分类和应用。
- 学会创建对象以及构造函数。

任务1 安装Python开发环境

任务描述

Python是当下最流行的解释性语言之一。因其具有简单易学、易于扩充第三方扩展库等特点，使它能够与其他语言合作，共同完成一些代码的实现。本任务主要对Python进行学习，能够通过多种方式安装Python并输出Python中第一个案例"hello world！"。

任务目标

通过学习本任务，应对Python语言有初步了解，学会Python和PyCharm软件的下载及安装，配置Python开发环境，并能够输出简单的代码"hello world！"。

任务分析

安装Python开发环境的思路如下：

第一步：从软件官网下载Python和PyCharm软件，进行安装。

第二步：配置Python开发环境。

第三步：输入代码："hello world！"，查看输出结果。

知识准备

1. Python简介

Python语言是目前使用最为广泛的编程语言之一，是最接近人工智能的语言，它更是一门开源、免费的跨平台高级动态编程语言，由荷兰人Guido van Rossum于1989年年底着手研发，1991年公开发行第一个版本。

Guido曾参与设计一种名为ABC的教学语言，但ABC最终未能成功。因此Guido决心开发一个新的脚本解释程序，用来作为ABC语言的一种继承。而"Python"的名字则是源自Guido非常喜欢的一部名为*Monty Python's Flying Circus*的英剧。现在的Python是由一个核心开发团队在维护，Guido仍然占据着至关重要的作用，指导其进展。

（1）Python发展简史

Python从诞生到现在，版本不断更新和优化，力争满足各行业开发人员的需求，Python语言的发展见表2-1。

表2-1　Python语言的发展

年份	版本
1989年	作为ABC编程语言的继承者，被Guido van Rossum开发出来
1991年	Python代码对外公布，此时版本为0.9.0
1994年	Python 1.0正式发布
2000年	Python 2.0发布
2008年	Python 3.0发布，被称为"Python 3000"或者"Py3K"
2010年	Python 2.x系列最后一个版本，其主版本号为2.7
2012年	Python 3.3发布
2014年	Python 3.4发布
2016年	Python 3.6发布
2018年	Python 3.7.0发布
2019年	Python 3.8.0发布
2020年	Python 3.9.0正式版发布

（2）Python的特点

1）Python是免费的开源自由软件。用户使用Python进行开发或者发布自己的程序不需要支付任何费用，也不用担心版权问题。除此之外，程序员使用Python编写的代码与Python的解释器和模块都是开源的。

2）Python是面向对象的。面向对象（Object Oriented，OO）是现代高级程序设计语言的一个重要特征。Python既支持面向过程的编程也支持面向对象的编程，并且具有运算符重载、继承等面向对象编程的主要特征。

3）Python具有良好的跨平台特性。基于其开放源代码的特性，Python具有良好的跨平台和可移植性。

4）Python功能强大。动态数据类型：Python在代码运行过程中不需要声明变量的数据类型，而在赋值时，变量可以重新赋值为任意类型的值。

内存管理机制：良好的内存管理机制可以提高程序运行的效率。Python通过"引用计数"的方式管理内存，自动分配和回收内存。

应用程序支持：包含子模块、类和异常等工具，可用于大型应用程序开发。

内置数据结构：Python支持常用的数据结构。如集合、列表、字典等都属于Python内置类型，用于实现相应的功能。

丰富的标准库：Python提供丰富的标准库，包括正则表达式、文档生成、网页浏览器等。

但Python语言也有缺点，例如，Python的运行速度相比其他语言较慢，代码不能加密等。

2. Python开发环境

（1）Python开发环境简介

早期的编程语言在送进编译器处理之前，必须先经过流程图、撰写表格、打卡，所以当时并不需要集成开发环境（Integrated Development Environment，IDE）。而IDE如今，渐渐成为程序开发者必要的工具。IDE是一个包括代码编辑器、编译器、调试器和图形用户界面等与开发有关的实用工具软件，为开发工作提供更高的效率。

Python有非常多的开发环境。除了Python官方网站提供的IDLE开发环境以外，还有PyCharm、wingIDE、Spyder、Jupyter Notebook和VS Code等，下面介绍几种目前使用最多的IDE。

1）IDLE。IDLE是Python程序自带的IDE，具备基本的开发环境的功能，是一种比较简洁的IDE。当安装好Python以后，IDLE就会自动安装，出现在开始菜单栏中。单行代码可以直接输出结果，但是输入多行代码时需要新建文件，保存和运行都相对烦琐。IDLE界面如图2-1所示。

2）PyCharm。PyCharm由JetBrains打造，是目前最流行的Python IDE之一，拥有一般IDE具备的功能，如调试、语法高亮、代码跳转、智能提示、自动完成和版本控制等。PyCharm官网提供的社区版和汉化包非常适合初学者学习编程，也是本书选用的开发工具，但PyCharm软件比较占资源，对硬件配置要求相对较高。PyCharm界面如图2-2所示。

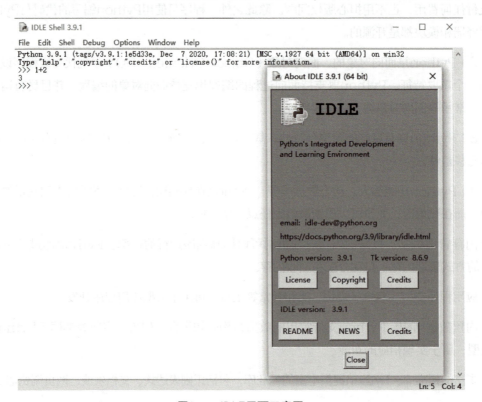

图2-1 IDLE界面示意图

图2-2　PyCharm界面示意图

3）WingIDE。WingIDE是一款非常优秀的Python IDE，占用资源少，其编辑器包括大量语言的语法标签高亮显示，有优秀的命令自动完成和函数跳转列表，但是没有代码合并。WingIDE界面如图2-3所示。

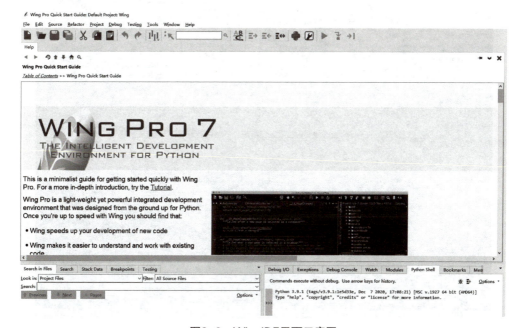

图2-3　WingIDE界面示意图

4)Jupyter Notebook。Jupyter Notebook是一个基于Anaconda环境变量的编译工具,有专业的文档或者注释,支持多种编译语言。Jupyter Notebook实质是一个Web应用程序,便于创建和共享程序文档,支持实时代码、数学方程和可视化操作,目前只有英文版本。Jupyter Notebook界面如图2-4所示。

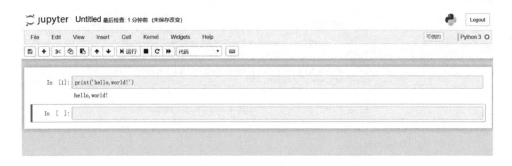

图2-4　Jupyter Notebook界面示意图

5)VS Code。VS Code(Visual Studio Code)是一款由微软开发的轻量型IDE,用于编写现代Web和云应用的跨平台源代码。VS Code集成了现代编辑器所应该具备的特性,包括语法高亮、热键绑定、括号匹配以及代码片段收集等,可以实现实时性更好的远程开发,但对插件依赖性较强。VS Code默认为英文版,可以通过设置变为中文版。VS Code界面如图2-5所示。

图2-5　VS Code界面示意图

（2）Python的下载与安装

第一步：打开Python官网，单击"Python 3.9.1"按钮下载，如图2-6所示。

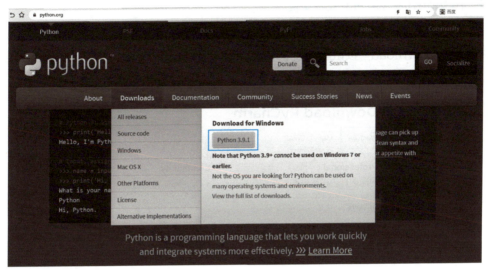

图2-6　Python官网页面

第二步：打开下载好的安装包，自定义安装路径，选中"Add Python 3.9 to PATH"，再单击"Customize installation"，开始安装Python，如图2-7所示。

图2-7　自定义安装Python

第三步：打开Python软件，效果如图2-8所示，则安装成功。

图2-8　安装成功示意图

任务实施

1. Python开发环境的下载与安装

第一步：打开浏览器，输入https://www.jetbrains.com/PyCharm/进入PyCharm官网，单击右上角"Download"按钮进入版本选择页面。选择"Windows"下的"Community"版本，单击"Download"按钮进行下载，如图2-9所示。

图2-9　PyCharm官网下载

第二步：打开PyCharm-community-2020.2.4.exe文件，单击"Next"按钮，自定义安装路径，默认路径为"C:\Program\Files\JetBrains\PyCharm Community Edition 2020.2.4"。设置完成后再单击"Next"按钮，如图2-10所示。

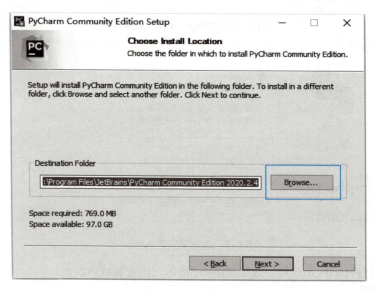

图2-10　PyCharm路径选择

第三步：选中"Installation Options"界面中的所有可选项，单击"Next"按钮。左边三个选项分别为创建快捷方式、添加鼠标右键菜单和关联所有.py文件；右边为更新环境变量，如图2-11所示。

单元2
人机对话系统基础入门

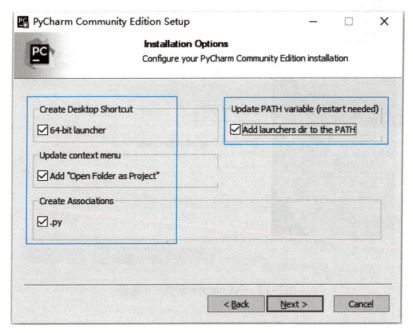

图2-11　PyCharm安装选项

第四步：单击"Install"按钮进行安装，如图2-12所示。

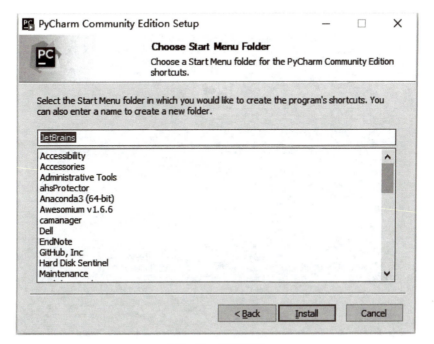

图2-12　开始安装

第五步：单击"Finish"按钮完成安装并重启计算机，如图2-13所示。

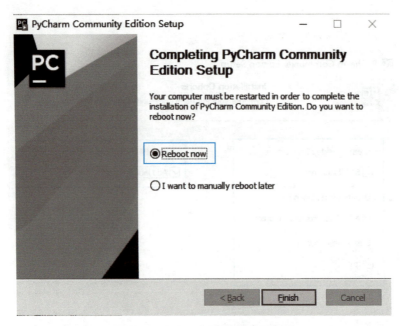

图2-13　PyCharm安装完成示意图

2. PyCharm开发环境的配置

第一步：打开PyCharm，单击"OK"按钮，接着单击左下角的"Skip Remaining and Set Defaults"按钮，进入如图2-14所示的界面，再单击"New Project"按钮新建工程。

图2-14　新建工程

第二步：自定义工程路径，如图2-15所示。

图2-15 自定义工程路径

第三步：使用下载好的Python 3.9作为解释器，单击"Create"按钮完成工程创建，如图2-16所示。

图2-16 设置解释器

第四步：效果如图2-17所示，则配置成功。

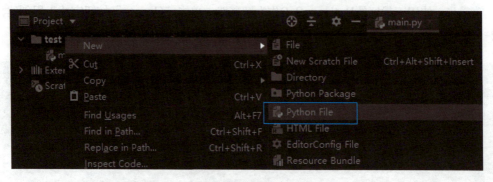

图2-17　完成配置示意图

3. 输出"hello world!"

第一步：创建名为"test.py"的文件，右击文件夹并选择"New"→"Python File"命令，效果如图2-18和图2-19所示。

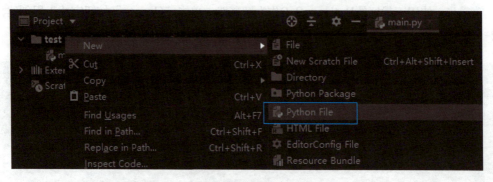

图2-18　新建文件

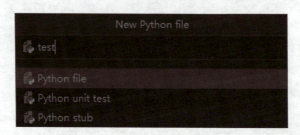

图2-19　命名文件

第二步：编写代码。在文件中输入代码：print('hello world! ')（注意：要切换至英文输入法），如图2-20所示，在任意空白位置右击并选择"Run 'test'"命令。

单元2
人机对话系统基础入门

图2-20 输入代码

第三步：查看结果。运行代码，效果如图2-21所示。

图2-21 运行结果

任务2　使用Python基本语法

经过任务1的学习，已经搭建好了Python的开发环境，并认识了"Python语言"。但是对于Python，只是认识是不够的，还需要对它进行更深一步的了解。下面将通过任务2学习Python基本语法，并能使用基本语法编写简单的代码完成相关功能。基本语法主要包含保留字、标识符、基本控制结构、运算符和函数等。

人机对话智能系统开发（初级）

任务目标

通过本次任务的学习，实现"计算100以内的最大素数，输出十位、个位的数字"，了解保留字和关键字、标识符、变量和常用运算符的基本使用方法，能够使用条件语句和循环语句完成一些基本操作，对函数有初步的认识并能自定义函数来实现功能。

任务分析

使用Python实现"计算100以内的最大素数，输出十位、个位的数字"任务的思路如下：

第一步：使用"if…else…"语句和"%"运算符判定素数。

第二步：使用for循环语句和break语句输出结果。

第三步：使用Python内置函数设计算法。

第四步：自定义函数完成功能。

知识准备

Python基本语法

1. 保留字和关键字

保留字和关键字是Python语言中被赋予特定意义的单词，见表2-2。保留字和关键字不允许作为模块、类、函数、变量和其他对象来使用。例如，保留字"and"用于表达式运算、逻辑与操作；"assert"用于判断变量或条件表达式的值是否为真；"global"用来定义全局变量等。

表2-2 保留字和关键字

false	await	else	import	pass	for
none	break	except	in	raise	yield
true	class	finally	is	return	async
and	continue	or	lambda	try	elif
as	def	from	nonlocal	while	if
assert	del	global	not	with	or

2．标识符

标识符就是用来标识变量、函数、类、模块和其他对象的一个名称。Python中标识符的命名要遵守一定的命令规则：

1）标识符是由字符（A～Z和a～z）、下画线和数字组成，但第一个字符不能是数字。

2）标识符不能和Python中的保留字相同。

3）标识符中不能包含空格、@、$和%等特殊字符。

4）Python标识符中的字母严格区分大小写。

5）Python语言中，以下画线开头的标识符有特殊含义。除非特定场景需要，应避免使用以下画线开头的标识符。

例如，__init__()是一个特殊的类实例方法，称为构造方法（或构造函数）；_name = 'protected类型的变量'；__info = '私有类型的变量'。

3．变量与数据类型

（1）常量与变量

常量可以简单地理解为不能改变的值，如一个数字6，又如一个集合{1，2，3}。而相对的变量则是可以随情景变化的值。在Python中不需要事先声明变量名及其类型，可以直接对变量进行赋值操作。

基于变量的数据类型，解释器会分配指定内存，并决定什么数据可以被存储在内存中。因此，变量可以指定不同的数据类型，这些变量可以存储整数、小数或字符等。

虽然在Python中使用变量非常灵活，但仍需要遵守一些规则。违反这些规则将引发错误。Python中需要遵守的规则如下：

1）变量名只能包含字母、数字和下画线。变量名可以字母或下画线开头，但不能以数字开头。例如，可将变量命名为message_1，但不能将其命名为1_message。

2）变量名不能包含空格，但可使用下画线来分隔其中的单词。例如，变量名greeting_message可行，但变量名greeting message会引发错误。

3）不要将Python关键字和函数名用作变量名，即不要使用Python保留字用于特殊用途的单词，如print。

Python中的变量赋值不需要类型声明。每个变量在内存中创建，都包括变量的标识、名称和数据等信息。"="用来给变量赋值，"="运算符左边是一个变量名，"="运算符右边是存储在变量中的值。

例：定义整型、浮点型、字符串类型变量counter、miles、name，并分别赋值为100、1000.0、"John"，代码如下：

```
counter = 100 # 赋值整型变量
miles = 1000.0 # 浮点型
name = "John" # 字符串
```

Python中除了可以给单个变量赋初值外，还可以给多个变量赋值，例如，给a、b、c三个变量同时赋值为1，则可以写成：

```
a = b = c = 1
```

除了为多个变量赋相同的值，也可以为多个变量指定不同内容。例如，将两个整型对象1和2分别分配给变量a和b，字符串对象"John"分配给变量c，可以写成：

```
a, b, c = 1, 2, "John"
```

（2）数据类型

1）数值型数据类型。在Python中，数值型数据类型主要包含整型、浮点型、布尔型和复数，具体类型见表2-3。

表2-3 数据类型

数值型数据类型	描述	示例
int	整型	8、1、102
float	浮点型	1.1、2.1
bool	布尔型	true、false
complex	复数	1+2j、1.23j

2）Python数据类型转换。在Python中可以实现数据类型的相互转换，使用的内置函数见表2-4。这些函数返回一个新的对象，表示转换的值。

表2-4 数据类型转换

函数	描述
int(x)	将x转换为整型
float(x)	将x转换为浮点型
complex(real [,imag])	创建一个复数
bin(x)	将整数x转换为二进制
oct(x)	将整数x转换为八进制

（续）

函数	描述
Hex(x)	将整数x转换为十六进制
str(x)	将对象x转换为字符串
repr(x)	将对象x转换为表达式字符串
tuple(s)	将序列s转换为一个元组
list(s)	将序列s转换为一个列表

例：将a=10.9转换为整型变量并输出。

```
a=10.9;
print(int(a))
```

输出结果如图2-22所示。

```
>>> a=10.9;print(int(a))
10
```

图2-22　输出结果

4．基本控制结构

控制结构就是控制程序执行顺序的结构。Python有三大控制结构，分别是顺序结构、分支结构（选择结构）以及循环结构。

（1）输入输出

Python使用input()函数输入数据，其基本语法格式如下：

```
变量 = input('提示字符串')
```

其中，变量和提示字符串均可省略。Python使用print()函数输出数据，其基本语法格式如下：

```
print([obj1,…][,sep=' '][,end='\n'][,file=sys.stdout])
```

print()函数的所有参数均可省略。无参数时，print()函数输出一个空行。print()函数还可同时输出一个或多个数据。输出多个数据时，默认输出分隔符为空格，也可用sep参数指定分隔符号，例如，输出111aaa@@@并使用"！"隔开，可以写成：

```
print('111','aaa','@@@',sep='!')
```

输出结果如图2-23所示。

```
>>> print('111','aaa','@@@',sep='!')
111!aaa!@@@
```

图2-23 输出结果

以上实例输出结果以"！"隔开，若没有sep参数指定，则默认输出分隔符为空格。

（2）顺序结构

程序工作的一般流程为：数据输入、运算处理、结果输出。顺序结构是指为了解决某些实际问题，自上而下依次执行各条语句。

（3）分支结构

分支结构又称为选择结构，意思是程序代码根据判断条件，选择执行特定的代码。条件语句有两种基本的形式结构，具体如下：

1）"if"语句结构。当需要进行简单的判断或者选择时，可以使用if语句。if语句语法格式如下：

---

if 表达式：
　　语句

---

if语句执行流程如图2-24所示。

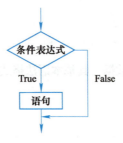

图2-24 if语句执行流程

说明：在"if"语句结构中，条件为真时（也就是布尔值为True），则执行语句，当条件为假时（也就是布尔值为False），则不执行语句块。例如，用if语句判断a是否等于1，可以写成：

---

a = 1
if(a == 1):
　　print('此时a等于1')

输出结果如图2-25所示。

此时a等于1

图2-25 输出结果

2）"if...else..."语句结构。if语句只能用来输出满足条件时的结果,那么如果不满足条件,也需要有输出怎么办？这时可以将if语句和else语句相结合,指定不满足条件时所执行的语句,其语法结构如下：

```
if 表达式：
    语句组1
else
    语句组2
```

在"if...else..."语句结构中,若表达式为真,则执行语句组1,否则就会执行语句组2。执行流程如图2-26所示。

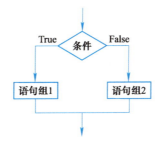

图2-26 if...else...执行流程

例如,判断a是否等于1：

```
a = 2
if(a == 1):
    print('此时a等于1')
else:
    print('此时a不等于1')
```

输出结果如图2-27所示。

此时a不等于1

图2-27 输出结果

除此以外,还可以使用关键字elif来表示,具体语法如下：

- if...elif...else
- if...elif...elif......else
- if 嵌套

例如,使用if...elif...else结构判断a是否等于2。

```
a = 2
if(a == 1):
    print('此时a等于1')
elif(a == 3):
    print('此时a等于3')
else:
    print('此时a等于2')
```

输出结果如图2-28所示。

```
此时a等于2
```

图2-28　输出结果

（4）循环结构

掌握条件语句后，发现当条件为真或假时将执行对应语句块，但是怎样才能重复执行多次呢？此时需要使用循环语句，循环语句属于循环结构，需要重复执行语句块时必须要用到它。循环语句结构有“while”循环和“for”循环，具体形式结构如下：

1）for循环。当已知循环次数时，可以使用for语句实现。for语句的基本结构如下：

```
for取值in序列或迭代对象:
    语句块
```

在for循环中，可遍历一个序列或迭代对象的所有元素。具体实现如下：

```
for i in range(M，N):
    循环语句块
```

函数range（M，N）会生成一个M～（N-1）个数字列表，循环就会从M开始，到N-1结束，步长默认为1。例如，使用for循环求1到100之内数字相加的和，可以写成：

```
print("计算1+2+...+100的结果为：")
result = 0#保存累加结果的变量
for i in range(101): #逐个获取从1到100这些值，并做累加操作
    result += i
print(result)
```

输出结果如图2-29所示。

```
计算 1+2+...+100 的结果为:
5050
```

图2-29　输出结果

2）while循环。当循环需要满足条件时，可以使用while循环。while循环的语法结构如下：

```
while表达式:
    循环语句块
```

在"while"循环中，当表达式为真时（也就是布尔值True），则会一直执行循环语句块，当表达式为假时（也就是布尔值False），则会不执行或者会跳出while循环。需要注意，表达式后面的":"不能省略，语句块要注意缩进的格式。例如，使用while循环求100以内（不包括100）自然数的和，可以写成：

```
sum1=0
cou=1
while cou<100:
    sum1+=cou
    cou+=1
print("100以内的自然数的和为:"+str(sum1))
```

输出结果如图2-30所示。

100以内的自然数的和为:4950

图2-30 输出结果

注意：

① 循环是以冒号(:)结尾。

② 条件为各种算术表达式，当为真时，重复执行循环体语句组1；当为假时，执行循环体语句组2，停止循环。

③ 如果循环体忘记累计，条件判断一直为真，则为死循环，循环体一直执行。死循环经常被用来构建无限循环；可以使用<Ctrl+C>组合键终止循环，或者停止IDE。

3）break与continue语句。break与continue语句可以在循环结构中使用，如for循环和while循环。break语句是立即退出循环，不再运行循环中余下的代码，也不管条件判断的结果是否为真。break语句经常被用来控制程序执行流，也就是控制哪些代码可以执行，哪些代码不执行。

continue语句是结束本次循环，返回到循环语句开始的位置，接着进行条件判断。如果为真，则程序继续执行，否则退出。也就是当循环或判断执行到continue语句时，continue后的语句将不再执行，会跳出当次循环，继续执行循环中的下一次循环。

两者的区别是：

① continue语句跳出本次循环，只跳过本次循环continue后的语句。

② break语句跳出整个循环体，循环体中未执行的循环将不会执行。

5．运算符

Python中常见的运算符有：算术运算符、赋值运算符、比较运算符、位运算符和逻辑运算符。

（1）算术运算符

算术运算符用于对操作数或表达式进行数学运算，常用的算术运算符见表2-5。

表2-5　常用的算术运算符

运算符	描述	实例
+	加，两个对象做加法运算	2+4的结果是6
-	减，两个对象做减法运算	4-2的结果是2
*	乘，两个对象做乘法运算	2*4的结果是8
/	除，两个对象做除法运算	4/2的结果是2
%	取余，返回除法的余数	5%2的结果是1
**	求幂，即x**y，返回x的y次幂	2**3的结果是8
//	整除，返回商的整数部分	5//2的结果是2

（2）赋值运算符

赋值运算符的作用是将运算符右侧的表达式的值赋给运算符左侧的变量，Python提供的常用的赋值运算符见表2-6。

表2-6　常用的赋值运算符

运算符	描述	实例
=	最基本的赋值运算	c=a+b，即将a+b的结果赋值给c
+=	加赋值	x += y等效于x = x + y
-=	减赋值	x -= y等效于x = x - y
*=	乘赋值	x *= y等效于x = x * y
/=	除赋值	x /= y等效于x = x / y
%=	取余数赋值	x %= y等效于x = x% y
**=	幂赋值	x **= y等效于x = x** y
//=	取整数赋值	x //= y等效于x = x// y
&=	按位与赋值	x &= y等效于x = x&y
|=	按位或赋值	x |= y等效于x = x| y
^=	按位异或赋值	x ^= y等效于x = x^y

（3）比较运算符

比较运算符一般用于两个数值或表达式的比较，返回一个布尔值，设变量a=6，b=8常用的比较运算符见表2-7。

表2-7　常用的比较运算符

运算符	描述	实例
==	等于，比较对象是否相等	(a == b) 返回False
!=	不等于，比较两个对象是否不相等	(a != b) 返回 True
<>	不等于，比较两个对象是否不相等	(a <> b) 返回 True，这个运算符类似 !=
>	大于，返回x是否大于y	(a > b) 返回 False
<	小于，返回x是否小于y。所有比较运算符返回1表示真，返回0表示假。这分别与特殊的变量True和False等价	(a < b) 返回 True
>=	大于等于，返回x是否大于等于y	(a >= b) 返回 False
<=	小于等于，返回x是否小于等于y	(a <= b) 返回 True

（4）位运算符

按位运算符是把数字看作二进制来进行计算的。Python中的按位运算法则如下：设变量a为60，b为13，则二进制：a = 0011 1100、b = 0000 1101，常用的位运算符见表2-8。

表2-8　常用的位运算符

运算符	描述	实例
&	按位与运算符，参与运算的两个值，如果两个相应位都为1，则该位的结果为1，否则为0	(a & b) 输出结果12，二进制解释：0000 1100
|	按位或运算符，只要对应的两个二进制位有一个为1时，结果位就为1	(a | b) 输出结果61，二进制解释：0011 1101
^	按位异或运算符，当两个对应的二进制位相异时，结果为1	(a ^ b) 输出结果49，二进制解释：0011 0001
~	按位取反运算符，对数据的每个二进制位取反，即把1变为0，把0变为1。~x类似于-x-1	(~a) 输出结果-61，二进制解释：1100 0011，是一个有符号二进制数的补码形式
<<	左移动运算符，运算数的各二进位全部左移若干位，由<<右边的数字指定移动的位数，高位丢弃，低位补0	a << 2输出结果240，二进制解释：1111 0000
>>	右移动运算符，把>>左边的运算数的各二进位全部右移若干位，>>右边的数字指定了移动的位数	a >> 2输出结果15，二进制解释：0000 1111

（5）逻辑运算符

Python语言支持逻辑运算符，以下假设变量a为10，b为20，常用的逻辑运算符见表2-9。

表2-9 常用的逻辑运算符

运算符	逻辑运算符	描述	实例
and	x and y	布尔"与"，如果x为False，则x and y返回False，否则返回y的计算值	(a and b)返回20
or	x or y	布尔"或"，如果x非0，则返回x的值，否则返回y的计算值	(a or b)返回10
not	not x	布尔"非"，如果x为True，则返回False。如果x为False，则返回True	[not(a and b)]返回False

6．函数

函数是用来实现单一或相关联功能的具有组织的、可重复使用特点的代码段。在Python语言中，不仅包括丰富的内置函数，还可以自定义函数。函数调用语法如下：

functionName(parm1)

扫码看视频

其中，functionName表示函数名称，parm1表示参数名称。

（1）内置函数

在Python中，系统提供了很多内置函数，主要包含数学运算函数、字符串处理函数以及其他函数。

1）数学运算。

- abs()：返回数字的绝对值。
- pow(x, y)：返回x^y的值。
- round()：返回浮点数x的四舍五入值。
- divmod()：把除数和余数运算结果结合起来，返回一个包含商和余数的元组(a // b, a % b)。

2）大小写转换。

- lower()：转换为小写。
- upper()：转换为大写。

3）判断字符串中字符的类型。

- isdecimal()：如果字符串中只包含十进制数字则返回True，否则返回False。
- isdigit()：如果字符串中只包含数字则返回True，否则返回False。
- isnumeric()：如果字符串中只包含数字则返回True，否则返回False。

- isalpha()：如果字符串中至少有一个字符，并且所有字符都是字母则返回True，否则返回False。

- isalnum()：如果字符串中至少有一个字符，并且所有字符都是字母或数字则返回True，否则返回False。

4）填充字符串。

- ljust（width，fillchar=None）：返回一个原字符串，默认使用空格以左对齐方式填充字符串，使其长度变为width。

- center（width，fillchar=None）：返回一个原字符串，默认使用空格以居中方式填充字符串，使其长度变为width。

- rjust（width，fillchar=None）：返回一个原字符串，默认使用空格以右对齐方式填充字符串，使其长度变为width。

（2）自定义函数

在Python中，自定义函数使用def关键字定义，其后紧跟函数名，括号内包含将要在函数体中使用的形式参数，简称形参，定义语句以冒号（：）结束，如图2-31所示。

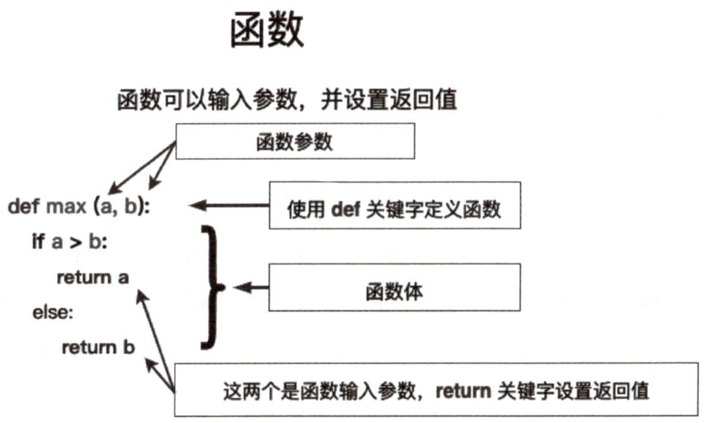

图2-31　自定义函数

Python定义函数使用def关键字，一般格式如下。

```
def 函数名（参数列表）：
    函数体
```

默认情况下，参数值和参数名称是按函数声明中定义的顺序匹配的。可以自定义函数来输出"Hello World！"。

```
def hello() :
    print("Hello World!")
hello()
```

输出结果如图2-32所示。

Hello World!

图2-32 输出结果

更复杂一些的应用，函数中带上参数变量，例如，比较4和5的大小，并返回较大的值，可以写成：

```
def max(a, b):
    if a > b:
        return a
    else:
        return b
a = 4
b = 5
print(max(a, b))
```

输出结果如图2-33所示。

5

图2-33 输出结果

1）函数调用。定义一个函数：给函数一个名称，指定函数里包含的参数和代码块结构。这个函数的基本结构完成以后，可以通过另一个函数来调用执行，也可以直接从Python命令提示符执行。例如，调用printme()函数，输出"我要调用用户自定义函数！"，可以写成：

```
def printme( str ): # 定义函数
    print (str) # 打印任何传入的字符串
    return
printme("我要调用用户自定义函数!") # 调用函数
printme("再次调用同一函数")
```

输出结果如图2-34所示。

我要调用用户自定义函数！
再次调用同一函数

图2-34 输出结果

2）实参和形参。在前面printme()函数定义中，变量str就是一个形参——函数完成其工作所需的一项信息。在代码printme("我要调用用户自定义函数!")和printme("再次调用同一函数")中，值"我要调用用户自定义函数!"和"再次调用同一函数"就是两个实参。而实参是调用函数时传递给函数的信息。这也就意味着在调用函数时，需要将函数使用的信息放在"()"内。在printme()中，将实参传递给了函数printme()，这个值就被存储在已定义的函数printme(str)的形参str中。

3）返回值。

● 返回值的作用。

函数并非总是直接显示输出，相反，它可以处理一些数据，并返回一个或一组值。函数返回的值被称为返回值。在函数中，可使用return语句将值返回到调用函数的代码行。返回值的设定能够将程序的大部分繁重工作转移到函数中去完成，从而简化主程序。

● 返回简单值。

例如，定义get_name函数，返回"云""小微"，可以写成：

```
def get_name(first_name, last_name):
    """返回"""
    full_name = first_name + ' ' + last_name
    return full_name.title()
musician = get_ name('云', '小微')
print(musician)
```

输出结果如图2-35所示。

云 小微

图2-35 输出结果

函数get_name()的定义通过形参接受姓和名。它将姓和名合二为一，在它们之间加上一个空格，并将结果存储在变量full_name中。然后将full_name的值转换为首字母大写格式，并将结果返回到函数调用行。调用返回值的函数时，需要提供一个变量存储返回的值。在这里，将返回值存储在变量musician中。

任务实施

第一步： 分析任务。100以内的最大素数为97。从1到100遍历，计算量过大。所以采用从100到1的倒序进行遍历，极大地减少计算量。

第二步： 判定素数。使用"%"运算符判定n是否为素数，通过"if…else…"语句，挑选符合条件的数值，代码如下。

```
if n%i==0: #1<i<n
    break
else:
    print(n,end=' ')
```

第三步：使用for循环输出最大素数。

输出第一个素数即可跳出循环，跳出循环使用"break"语句，代码如下。

```
for n in range(100,1,-1):
    for i in range(2,n):
        if n%i==0:
            break
        else:
            print(n,end=' ')
            break
```

第四步：使用"divmod()"函数计算个位、十位数字。

将输出的数值n赋值给x，传入"divmod()"函数计算，代码如下。

```
x=int(n)
a,b=divmod(x,10)
print(a,b)
```

第五步：定义函数demo()。

定义demo()函数实现以上功能，并完成调用，代码如下。

```
def demo():
    for n in range(100,1,-1):
        for i in range(2,n):
            if n%i==0:
                break
            else:
                print(n,end=' ')
                break
    x=int(n)
    a,b=divmod(x,10)
    print(a,b)
demo() #函数调用
```

输出结果如图2-36所示。

```
97 9 7
```

图2-36　输出结果

任务3　应用Python数据类型

任务描述

在使用Python的过程中，除了定义变量、使用关键词外，还有更多方面的应用，比如列表和集合的使用，本任务主要通过讲解Python数据结构中的列表和集合等知识，实现对列表和集合中相关内容的增删改查。

任务目标

通过完成本任务，读者能够对列表和集合有初步的认识，能够对列表和集合进行实际应用操作，并可以在任务2的基础上删除列表指定元素和计算集合交集。

任务分析

应用Python数据类型的思路如下：

第一步：使用while循环语句遍历列表。

第二步：使用list.remove(x)删除包含特定值的所有列表元素。

第三步：使用x.intersection(y，z)计算集合交集。

第四步：自定义函数，输出交集。

知识准备

Python数据结构

在实际应用中经常会遇到对一组数据进行操作的情况，这就需要使用某种方法将这些数据并入一个单一的对象，也就是合为一个整体。因此采用了数学中序列的方法。序列中的每个值都带有的下标，在Python中被称为索引，第一个索引是0，第二个索引是1，以此类推。

列表和集合是Python中常用的数据类型，很多复杂的逻辑操作最终由这些基本数据结构来实现，这两种结构的区别见表2-10。

表2-10 列表与集合的比较

比较项目	列表	集合
类型名称	list	set
定界符	[]	{}
是否可变	是	是
是否有序	是	否
是否支持下标	是(使用序号作为下标)	否
元素分隔符	逗号	逗号
对元素形式的要求	无	必须可哈希
对元素值的要求	无	必须可哈希
新增和删除元素速度	尾部操作快，其他位置慢	快

1. 列表及应用

（1）列表概述

列表是最常用的Python数据类型，它可以作为方括号内逗号分隔值的集合出现，基本语法如下。

```
[数据项1，数字，'字符串'，"字符"]
```

列表的数据项可以为相同类型或不同类型，使用方括号将逗号分隔的不同的数据项括起来。例如，定义list1包含"Yunxiaowei，Dingdang，1997，2000"，可以写成：

```
list1 = ['Yunxiaowei', 'Dingdang', 1997, 2000]
print(list1)
```

输出结果如图2-37所示。

```
['Yunxiaowei', 'Dingdang', 1997, 2000]
```

图2-37 输出结果

扫码看视频

（2）列表的应用

列表主要用来存储字符和字符串，在使用过程中可以对其进行访问、修改、删除等操作。

1)访问列表中的值。列表需要通过值的索引进行访问,访问从索引0开始,第二个索引是1,以此类推。通过索引列表可以进行截取、组合等操作。例如,可以通过索引访问['red','green','blue','yellow','white','black']列表中"red""green""blue"的值,如图2-38所示。

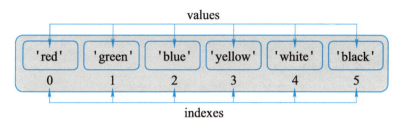

图2-38 列表

通过索引访问列表中"red""green""blue":

```
list = ['red', 'green', 'blue', 'yellow', 'white', 'black']
print( list[0] )
print( list[1] )
print( list[2] )
```

输出结果如图2-39所示。

```
red
green
blue
```

图2-39 输出结果

2)更新列表。除了对列表的访问,还可以对列表进行更新。更新列表时,可以对列表的数据项进行修改或更新。例如,在列表['Runoob',1997,2000]中添加列表项"2001":

```
list = [ 'Runoob', 1997, 2000]
print ("第三个元素为 : ", list[2])
list[2] = 2001
print ("更新后的第三个元素为 : ", list[2])
```

输出结果如图2-40所示。

```
第三个元素为 :  2000
更新后的第三个元素为 :  2001
```

图2-40 输出结果

3)del语句。如果从列表中删除一个元素,则使用del语句,注意删除时,del语句是通过索引删除。例如，使用del语句通过索引删除列表 [-1，1，66.25，333，333，1234.5] 中的 "-1"，可以写成：

```
a = [-1, 1, 66.25, 333, 333, 1234.5]
del a[0]
print(a)
```

输出结果如图2-41所示。

```
[1, 66.25, 333, 333, 1234.5]
```

图2-41 输出结果

也可以用del语句删除实体变量：

```
del a
```

4）Python列表脚本操作符。除了以上几种基本操作，Python还为列表保留了脚本操作符，主要用于相对复杂的运算，如 "+" 号用于组合列表，"*" 号用于重复列表。常用的操作符的方法和描述见表2-11。

表2-11 常用的操作符

实例	描述	方法
len([1, 2, 3])	3	长度
[1, 2, 3] + [4, 5, 6]	[1, 2, 3, 4, 5, 6]	组合
['Hi!'] * 4	['Hi!', 'Hi!', 'Hi!', 'Hi!']	重复
3 in [1, 2, 3]	True	元素是否存在于列表中
for x in [1, 2, 3]: print(x, end=" ")	1 2 3	迭代

5）列表方法应用。列表中有一些独特的方法和特有的内置函数，列表常用的内置函数见表2-12。

表2-12 列表内置函数

函数	描述
list.append(x)	把一个元素添加到列表的结尾，相当于a[len(a):] = [x]
list.extend(L)	通过添加指定列表的所有元素来扩充列表，相当于a[len(a):] =L

（续）

函数	描述
list.insert(i, x)	在指定位置插入一个元素，第一个参数是准备插入到其前面的那个元素的索引
list.remove(x)	删除列表中值为x的第一个元素，如果没有这样的元素，则会返回一个错误
list.pop([i])	从列表的指定位置移除元素并将其返回，如果没有指定索引，则a.pop()返回最后一个元素
list.clear()	移除列表中的所有项，相当于del a[:]
list.index(x)	返回列表中第一个值为x的元素的索引，如果没有匹配的元素，则会返回一个错误
list.count(x)	返回 x 在列表中出现的次数
list.sort()	对列表中的元素进行排序
list.reverse()	倒排列表中的元素
list.copy()	返回复制后的新列表，相当于a[:]

例：使用list.count(x)计算列表中元素出现的次数。

```
a = [66.25, 333, 333, 1, 1234.5]
print(a.count(333), a.count(66.25), a.count('x'))
```

输出结果如图2-42所示。

2 1 0

图2-42 输出结果

注意：类似insert、remove或sort等修改列表的方法没有返回值。

2．集合及应用

（1）集合概述

集合（set）是一个无序且不重复的元素序列。可以使用"{}"或者set()函数创建一个集合，但是如果需要创建一个空集合就必须使用set()而不能使用"{}"。创建格式如下：

变量名={数据项1,数据项2,...}或者set(数据项)

例如，创建一个包含"iphone，huawei，honor，oppo，mi"的手机集合，展示去重功能：

```
mobile = {'iphone', 'huawei', 'iphone', 'honor', 'oppo', 'mi'}
print(mobile) # 这里演示的是去重功能
```

输出结果如图2-43所示。

{'mi', 'huawei', 'honor', 'oppo', 'iphone'}

图2-43　输出结果

（2）集合的基本操作

集合的基本操作包括对元素的添加、移除和清空集合等，主要使用的是集合中特有的内置函数，用于集合操作的内置方法见表2-13，下面选取"添加元素""移除元素""清空集合"等来进行实例分析。

表2-13　集合内置方法列表

方法	描述
set()	创建元素集合，删除重复数据，也可将其他数据结构转换为集合
add()	为集合添加元素
clear()	移除集合中的所有元素
copy()	复制一个集合
difference()	返回多个集合的差集
difference_update()	移除集合中的元素，该元素在指定的集合也存在
discard()	删除集合中指定的元素
intersection()	返回集合的交集
intersection_update()	返回集合的交集
isdisjoint()	判断两个集合是否包含相同的元素，如果没有则返回True，否则返回False
issubset()	判断指定集合是否为该方法参数集合的子集
issuperset()	判断该方法的参数集合是否为指定集合的子集
pop()	随机移除元素
remove()	移除指定元素
symmetric_difference()	返回两个集合中不重复的元素集合
union()	返回两个集合的并集
update()	给集合添加元素

例：使用集合内置函数实现在集合中添加x元素、删除Dingdang元素、清空集合：

```
s = set(("Yunxiaowei", "Dingdang","Tengxun"))
 s.add("x")
print(s)
s.remove("Dingdang")
```

```
print(s)
s.clear()
print(s)
```

输出结果如图2-44所示。

```
{'Tengxun', 'x', 'Dingdang', 'Yunxiaowei'}
{'Tengxun', 'x', 'Yunxiaowei'}
set()
```

图2-44　输出结果

任务实施

1. 删除包含特定值的所有列表元素

第一步：设定列表。

列表中包含多个值为"iphone"的元素，代码如下。

```
phones=['iphone','samsung','iphone','xiaomi','iphone','huawei']
```

第二步：删除包含"iphone"的所有列表元素。

选择while循环语句遍历列表，"iphone"为循环条件，并使用"list.remove(x)"方法删除包含特定值的所有列表元素，代码如下。

```
while 'iphone' in phones:
    phones.remove('iphone')
```

第三步：输出新列表，直至列表不再有"iphone"元素，代码如下。

```
phones=['iphone','samsung','iphone','xiaomi','iphone','huawei']
print(phones)
while 'iphone' in phones:
    phones.remove('iphone')
print(phones)
```

输出结果如图2-45所示。

```
['iphone', 'samsung', 'iphone', 'xiaomi', 'iphone', 'huawei']
['samsung', 'xiaomi', 'huawei']
```

图2-45　输出结果

2. 判断三个集合中是否都存在c元素

第一步：设定集合。

设定三个集合，里面同时包含c元素，代码如下。

```
x = {'a', 'b', 'c'}
y = {'c', 'd', 'e'}
z = {'f', 'g', 'c'}
```

第二步：计算交集结果。

使用"x.intersection(y, z)"计算三个集合交集，代码如下。

```
result = x.intersection(y, z)
```

第三步：判断交集是否存在元素c。

选择if()条件语句，设"'c' in result"为判断条件，如果条件为真，则输出交集，代码如下。

```
if ('c' in result):
    print(result)
```

第四步：自定义函数。

定义函数main()实现上述功能，代码如下。

```
x = {'a', 'b', 'c'}
y = {'c', 'd', 'e'}
z = {'f', 'g', 'c'}
def main():
    result = x.intersection(y, z)
    if ('c' in result):
        print(result)
main()
```

输出结果如图2-46所示。

{'c'}

图2-46 输出结果

任务4　搭建Python语音识别框架

任务描述

本任务将详细介绍Python的面向对象编程。首先要学会使用类的定义和实例化操作，然后了解和认识构造函数和掌握__init__方法的使用，最后完成对类的继承操作。通过以上学习，按照提示完成Python语音识别框架的搭建。

任务目标

通过本任务的学习，能够对类和Python面向对象编程有初步的了解，并能够完成对类的创建和实例化。学会安装Python模块，使用类的继承完成语音识别框架的搭建。

任务分析

搭建Python语音识别框架的思路如下：

第一步：安装Python模块并导入。

第二步：定义表示窗口的类，继承Frame类。

第三步：使用"__init__"构造函数初始化。

第四步：创建对象，设置窗口标题和窗体大小。

知识准备

Python面向对象

Python从设计之初就是一门面向对象的语言，因此在Python中很容易创建一个类和对象。下面介绍一些面向对象的基本特征。

面向对象程序设计特征：

- 类（Class）：用来描述具有相同属性和方法的对象的集合。它定义了该集合中每个对象所共有的属性和方法。对象是类的实例。

- 方法：类中定义的函数。

- 类变量：类变量在整个实例化的对象中是公用的。类变量定义在类中且在函数体之外。类变量通常不作为实例变量使用。
- 数据成员：创建类时用变量形式表示对象特征的成员。
- 方法重写：如果从父类继承的方法不能满足子类的需求，可以对其进行改写，这个过程叫方法的覆盖（override），也称为方法的重写。
- 局部变量：定义在方法中的变量，只作用于当前实例的类。
- 实例变量：在类的声明中，属性是用变量来表示的，这种变量就称为实例变量，实例变量就是一个用self修饰的变量。
- 继承：即一个派生类（derived class）继承基类（base class）的字段和方法。
- 实例化：创建一个类的实例，类的具体对象。
- 对象：通过类定义的数据结构实例。

Python是面向对象的解释性高级动态编程语言，覆盖面向对象的所有基本功能，如封装、继承等。和其他编程语言相比，Python中对象的概念很广泛，Python中的一切内容都可以称为对象，函数也是对象，类也是对象。

1. 类的定义和实例化

（1）类的定义

Python中定义一个类使用class关键字实现，class关键字之后是一个空格，接着就是类名，类名后是一个"："，其基本语法格式如下：

```
class 类名：
    多个（≥0）类属性…
    多个（≥0）类方法…
```

与变量名一样，类名本质上就是一个标识符，因此在给类命名时，类名首字母要大写，且必须符合Python的语法。一般情况下，使用能代表该类功能的英文单词给类命名，例如，可以用"Student"作为学生类的类名。

通过上面的分析可以得出这样一个结论，即Python类是由类头（class类名）和类体（统一缩进的变量和函数）构成。例如，定义一个带有infor方法的TheFirstDemo类和空类，可以写成：

```
class TheFirstDemo:
```

```
    '''这是定义的第一个类'''
    # 定义成员方法
    def infor(self):
        print ('This is Thrfirstdemo')
class Empty:
    pass
```

可以看到，Python提供了"pass"关键字作为类体，执行时什么也不会发生，表示空语句。因此，无论是类属性还是类方法，它们都不是必需的，可以有也可以没有。另外，Python类中属性和方法所在的位置是任意的，即它们之间并没有固定的前后次序。

（2）Python类的实例化

定义了类之后，就可以进行实例化。类的实例化过程又称为创建类对象，其语法格式如下。

类名（参数）

例如，创建Yun类对象：

```
class Yun():
    # 定义类变量
    def __init__(self,name,age):
        #初始化属性name、age
        self.name = name
        self.age = age
            # 定义say实例方法
    def say(self):
        print("I am Yunxiaowei")
Y=Yun()  # 创建Yun类对象
```

类中的函数称为方法，在上面的程序中，__init__()是一个特殊的方法，在构造函数中会有详细的介绍。定义方法__init__()包含三个形参：self、name和age。self是一个指向实例本身的引用，必须存在且排在第一的位置。每当创建实例时，self会自动传递，因此只需传入相应的name值和age值。

（3）Python类对象的创建使用

创建了类对象就可以访问类对象具有的实例变量，访问实例的成员使用句点表示法，句点表示法在Python中很常用。在这里，Python先找到对象名，再查找与这个对象相关联的成员。格式如下。

对象名.成员

2．构造方法

（1）运算符重载

Python语言提供了运算符重载功能，运算符重载就是通过在类中重写特殊方法实现的。这些特殊方法都是以双下画线开头和结尾，类似于__X__的形式，Python通过这种特殊的命名方式来拦截操作符，以实现重载。Python类中较为常用的特殊成员见表2-14。

表2-14　Python类中较为常用的特殊成员

方法名	重载说明	运算符调用方式
__init__	构造函数	对象创建: X = Class(args)
__del__	析构函数	X对象收回
__add__ / __sub__	加减运算	X+Y，X+=Y/X-Y，X-=Y
__or__	运算符|	X|Y, X|=Y
__repr__ / __str__	打印/转换	print(X)、repr(X) / str(X)
__call__	函数调用	X(*args, **kwargs)
__getattr__	属性引用	X.undefined
__setattr__	属性赋值	X.any=value
__delattr__	属性删除	del X.any
__getattribute__	属性获取	X.any
__getitem__	索引运算	X[key]，X[i:j]
__setitem__	索引赋值	X[key]，X[i:j]=sequence
__delitem__	索引和分片删除	del X[key]，del X[i:j]
__len__	长度	len(X)
__bool__	布尔测试	bool(X)
__lt__，__gt__，__le__，__ge__，__eq__，__ne__	特定的比较	X < Y，X > Y，X <= Y，X>=Y，X==Y，X!=Y
__radd__	右侧加法	other+X
__iadd__	实地（增强的）加法	X+=Y(or else __add__)
__iter__，__next__	迭代	I=iter(X), next()
__contains__	成员关系测试	item in X(X为任何可迭代对象)
__index__	整数值	hex(X)，bin(X)，oct(X)
__enter__，__exit__	环境管理器	with obj as var:
__get__，__set__，__delete__	描述符属性	X.attr, X.attr=value, del X.attr
__new__	创建	在__init__之前创建对象

（2）构造方法的使用

很多类都倾向于将对象创建为有初始化状态。因此类可以定义一个名为__init()__的特殊方法（构造方法）来实例化一个对象。

构造方法也叫作构造器，是指当实例化一个对象（创建一个对象）的时候，第一个被自动调用的方法。例如，创建Yun对象，使用__init()__方法输出"我是云小微"，可以写成：

```python
class Yun():
    #构造方法
    def __init__(self):
        print("我是云小微")
#创建对象的过程中构造函数被自动调用
x = Yun()
```

输出结果如图2-47所示。

我是云小微

图2-47　输出结果

创建对象的过程中调用了构造函数。当未手动添加构造函数时，系统会默认提供一个无参的构造函数。构造函数本质上还是一个函数，函数可以有参数，也可以无参数，所以同样的道理，构造函数也是如此。

（3）self关键字的使用

类的方法与普通的函数只有一个特殊的区别——它们必须有一个额外的第一个参数名称，按照惯例它的名字是self。self代表类的实例[对象]，而非类本身。例如，使用self.__class__，返回当前类的类名，可以写成：

```python
class Test():
    def prt(self):
        print(self)
        print(self.__class__)
t = Test()
t.prt()
```

输出结果如图2-48所示。

<__main__.Test object at 0x0000019B6E142AF0>
<class '__main__.Test'>

图2-48　输出结果

3．类的继承

创建类时，并非一定要从空白开始创建。如果要编写一个类基于另一个已经设计好的类，就需要用到类的继承。在继承关系中，已经设计好的类称为父类或者基类，新设计的类称为子类或者派生类。派生类的定义如下。

```
class DerivedClassName(BaseClassName1):
    <statement-1>
    .
    .
    .
    <statement-N>
BaseClassName
```

派生类可以继承父类的公有成员，但不能继承私有成员。公有成员可以公开使用；私有成员在类的内部可以直接访问和操作，但是在类的外部不能直接访问，需要通过一些调用对象的公有成员来进行访问。在形式上，私有成员往往采用双下划线开头，但不一定以双下划线结尾。例如，创建student类继承people类的公有成员，输出"Yunxiaowei说：我10岁了，我在读3年级"，可以写成：

```
class people: #类定义
    name = ' '
    age = 0 #定义基本属性
    __weight = 0 #定义私有属性，私有属性在类外部无法直接进行访问
    def __init__(self,n,a,w): #定义构造方法
        self.name = n
        self.age = a
        self.__weight = w
    def speak(self):
        print("%s 说: 我 %d 岁。" %(self.name,self.age))
class student(people):
    grade = ' '
    def __init__(self,n,a,w,g):
        people.__init__(self,n,a,w)    #调用父类的构函
        self.grade = g
    def speak(self): #覆写父类的方法
        print("%s 说: 我 %d 岁了，我在读 %d 年级"%(self.name,self.age,self.grade))
s = student('Yunxiaowei',10,60,3)
s.speak()
```

输出结果如图2-49所示。

Yunxiaowei 说: 我 10 岁了，我在读 3 年级

图2-49　输出结果

任务实施

Python语音识别框架的搭建

第一步：模块安装。

搭建语音识别框架需要导入wave、numpy、matplotlib和tkinter四个模块,他们的作用见表2-15。打开cmd命令提示符,输入代码"pip install xxx(模块名)"进行安装,例如,安装numpy模块如图2-50所示。

表2-15　Python模块简介

模块名	作用
wave模块	处理WAV文件的模块,用来读写WAV文件并提取信息
numpy模块	提供一个运算速度非常快的数学计算包,支持n维数组运算、矢量运算等
matplotlib模块	Python中强大的画图模块,提供多样化的输出格式。在使用过程中,常常导入matplotlib的子模块pyplot绘制图像
tkinter模块	Python自带的GUI工具包,可以快速实现窗体的创建

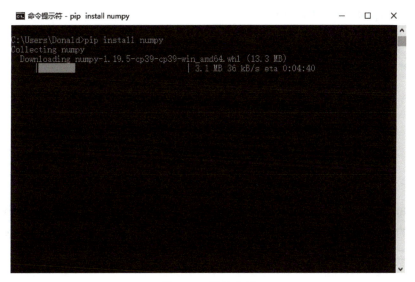

图2-50　模块安装

第二步：导入模块。

分别导入wave、numpy、tkinter模块和matplotlib的子模块,代码如下:

```
import wave
import numpy as np
import matplotlib.pyplot as plt
import tkinter as tk
```

第三步：定义MainYUN类，继承Frame类。

定义MainYUN类表示窗口，继承Frame类，使用"__init__"构造函数，初始化Frame部分，代码如下。

```
class MainYUN( tk.Frame):
    def __init__(self, master=None):
        tk.Frame.__init__(self, master)
        self.grid()#使用grid布局
        self.createWidgets()
```

第四步：创建控件。

使用"tk.Label()"创建标签，输出"我是云小微，很高兴认识你！"；使用"tk.Button()"创建"本地语音识别"按钮，用来触发"answer函数"，代码如下。

```
class MainYUN( tk.Frame):
    def __init__(self, master=None):
        tk.Frame.__init__(self, master)
        self.grid()#使用grid布局
        self.createWidgets()
    def createWidgets(self):
        self.firstLabel = tk.Label(self,text="我是云小微，很高兴认识你！")
        self.firstLabel.grid()
        self.clickButton = tk.Button(self,text=" 本地语音识别",command=self.answer)
        self.clickButton.grid()
```

第五步：导入本地WAV文件，转化为二维向量。

使用"askopenfilename()"浏览本地文件，使用"f.getparams()"将音频数据转化为字符串的形式；使用"np.fromstring()"将字符串化为整数；使用"np.reshape()"将数据转化二维向量，代码如下。

```
filePath = filedialog.askopenfilename()
f = wave.open(filePath, 'rb')
params = f.getparams()
nchannels, sampwidth, framerate, nframes = params[:4]
strData = f.readframes(nframes)
w = np.frombuffer(strData, dtype=np.int16)
w = w * 1.0 / (max(abs(w)))
w = np.reshape(w, [nframes, nchannels])
```

第六步：绘制音频波形图。

使用"np.arange(0，nframes)＊(1.0／framerate)"计算时间；使用matplotlib的子模块pyplot进行绘图操作，代码如下。

```python
time = np.arange(0, nframes) * (1.0 / framerate)
plt.figure()
plt.subplot(513)
plt.plot(time, w[:, 0])
plt.xlabel("Time(s)")
plt.title("The Channel")
plt.show()
```

第七步：创建MainYUN()对象。

使用"app.master.title('云小微')"设置窗口标题，使用"app.master.geometry('400x100')"设置窗体大小，代码如下。

```python
import wave
import numpy as np
import matplotlib.pyplot as plt
import tkinter as tk
from tkinter import filedialog

class MainYUN(tk.Frame):
    def __init__(self, master = None):
        tk.Frame.__init__(self, master)
        self.grid()
        self.createWidgets()

    def createWidgets(self):
        self.firstLabel = tk.Label(self,text="我是云小微，很高兴认识你！")
        self.firstLabel.grid()
        self.clickButton = tk.Button(self,text="本地语音识别",command=self.answer)
        self.clickButton.grid()

    def answer(self):
        filePath = filedialog.askopenfilename()
        f = wave.open(filePath, 'rb')
        params = f.getparams()
        nchannels, sampwidth, framerate, nframes = params[:4]
        strData = f.readframes(nframes)
        w = np.frombuffer(strData, dtype=np.int16)
        w = w * 1.0 / (max(abs(w)))
```

```
            w = np.reshape(w, [nframes, nchannels])

            time = np.arange(0, nframes) * (1.0 / framerate)
            plt.figure()
            plt.subplot(6, 1, 1)
            plt.plot(time, w[:, 0])
            plt.xlabel("Time(s)")
            plt.title("The Channel")
            plt.show()

app = MainYUN()
app.master.title('云小微')
app.master.geometry('400x100')
app.mainloop()
```

运行效果如图2-51所示。

图2-51　运行效果

任务5　使用Python中的JSON

任务描述

　　JSON是目前浏览器上使用最流行的标准语言之一。经过前4个任务的学习锻炼，读者对Python语言的学习已经有了一定基础，接下来将结合JSON完成基本的数据交换操作。首先要了解JSON的定义并学会使用JSON的语法规则，然后掌握对Python对象进行JSON编码和解码的方法，最后读取文件。

任务目标

通过本任务的学习，对JSON有初步的了解，能够完成对一个Python对象进行JSON格式的编码解码操作，并能够使用JSON方法读取JSON文件。

任务分析

Python中使用JSON的思路如下：

第一步：了解JSON的定义和语法规则。

第二步：使用json.dumps()函数，对Python对象进行编码操作。

第三步：使用json.loads()函数，对JSON字符串进行解码操作。

第四步：使用JSON方法读取文件。

知识准备

JSON的使用

1. JSON简介

JSON（JavaScript Object Notation）是一种轻量级、基于文本的、可读的数据交换格式。JSON示意图和JSON文件图标如图2-52所示。JSON基于ECMAScript（欧洲计算机协会制定的JavaScript规范）的一个子集，采用完全独立于编程语言的文本格式来存储和表示数据。Python主要提供了dumps、dump、loads和load四个方法来编码和解码JSON对象。

图2-52　JSON示意图和JSON文件图标

简洁清晰的层次结构，使JSON成为理想的数据交换语言。在易于人阅读和编写的同时，也易于机器解析和生成。JSON有以下几个特点：

1）可以使用数组。

2）数据格式简单，易于读写。

3）支持多种语言，便于解析。

4）没有结束标签，长度短，读写快。

5）可以直接被JavaScript解释器解析。

2．JSON常用语法规则

JSON是一个标记符的序列，它的数据交互流程如图2-53所示。

图2-53　使用JSON进行数据交互的流程

JSON的语法规则十分简单，总结起来有：

1）数组（Array）用"[]"表示。

2）对象（Object）用"{}"表示。

3）名称/值对（name/value）组合成数组和对象。

4）名称（name）置于双引号中，值（value）可以是对象、数组、字符串、数字、布尔值和null。

5）数据之间用"，"隔开。

3．JSON编码和解码

在传递数据时，往往需要使用JSON对数据进行封装。Python和JSON数据类型之间的转换称为编码与解码。在使用JSON模块前，首先要导入JSON库：import json。常用的JSON函数见表2-16。

表2-16　JSON函数

方法	描述
json.dumps()	将Python对象编码成JSON字符串
json.loads()	将已编码的JSON字符串解码为Python对象
json.dump()	将Python数据编码成JSON数据并写入文件
json.load()	从JSON文件中读取数据并转换为Python类型

需要注意的是：如果要处理的对象是字符串，则使用json.dumps()和json.loads()函数；如果处理的对象是文件而不是字符串，则使用json.dump()和json.load()函数。

任务实施

1. 编码解码

第一步:设定字典。

```
Dict_data = {'name' : 'yunxiaowei','age' : 100}
```

第二步:使用"json.dumps()"编码。

导入JSON模块,使用"json.dumps()"编码Python对象,输出编码结果,代码如下。

```
import json
Dict_data = { 'name' : 'yunxiaowei', 'age' : 100}
json_str = json.dumps(Dict_data)
print (json_str)
```

第三步:使用"json.loads()"解码。

使用"json.loads(json_str)"对已经编码的JSON对象进行解码,代码如下。

```
import json
Dict_data = { 'name' : 'yunxiaowei', 'age' : 100}
json_str = json.dumps(Dict_data)
print (json_str)
Dict_str = json.loads(json_str)
print (Dict_str)
```

输出结果如图2-54所示。

```
{"name": "yunxiaowei", "age": 100}
{'name': 'yunxiaowei', 'age': 100}
```

图2-54 输出结果

2. 读取文件

第一步:设定Python数据类型对象。

设定两个Python数据类型对象,包含姓名和年龄等信息,代码如下。

```
data1 = {'name':'Yunxiaowei','age':100}
data2 = {'name':'Dingdang','age':99}
```

第二步：导入JSON文件。

使用"import json"导入JSON文件，"open()"打开test.json文件，代码如下。

```
import json
file = open('test.json','w',encoding='utf-8')
```

第三步：使用"json.dump()"序列化为JSON对象。

使用"json.dump()"将Python内置类型序列化为JSON对象后写入文件并关闭，代码如下。

```
import json
file = open('test.json','w',encoding='utf-8')
data = [data1,data2]
json.dump(data,file,ensure_ascii=False)
file.close()
```

第四步：使用"json.load()"转化为Python类型输出。

再次打开test.json文件，使用"json.load()"转化为Python类型，并输出结果，代码如下。

```
import json
file = open('test.json','w',encoding='utf-8')
data = [data1,data2]
json.dump(data,file,ensure_ascii=False)
file.close()
file = open('test.json','r',encoding='utf-8')
s = json.load(file)
print (s[1]['name'])
```

输出结果如图2-55所示。

Dingdang

图2-55 输出结果

单元小结

本单元主要介绍了Python的基础知识及开发环境。通过学习Python基本语法、数据结构和面向对象编程，对Python列表、集合和类的创建使用有初步的了解，能够使用基本控制语句和函数进行简单操作并自定义函数完成编程个性化，实现简单的语音识别框架的搭建和Python中JSON的使用。

单元评价

通过学习以上任务，看看自己是否掌握了以下技能，在技能检测表中标出已掌握的技能。

评价标准	个人评价	小组评价	教师评价
能够安装Python开发环境并输出"hello，world！"			
能够使用Python基本语法实现100以内最大素数的输出			
能够自定义函数实现功能			
能够对列表和集合进行更新、删除等操作			
能够搭建语音识别框架			
能够完成JSON编码和解码			

备注：A为能做到；B为基本能做到；C为部分能做到；D为基本做不到。

课后习题

一、选择题（单选）

1. Python的设计具有很强的可读性，相比其他语言具有的特色语法有以下选项，正确的是（　　）。

  A．交互式 B．解释型 C．面向对象 D．服务端语言

2．Python中==运算符比较两个对象的值，下列选项中哪一个是is比较对象的因素（   ）。

  A．id()   B．sum()   C．max()   D．min()

3．当知道条件为真，想要程序无限执行直到人为停止的话，可以使用下列哪个选项（   ）。

  A．for   B．break   C．while   D．if

二、选择题（多选）

1．在Python中，数字类型共包括以下哪几种类型（   ）。

  A．int   B．float   C．complex   D．bool

2．Python崇尚优美、清晰，是一个优秀并广泛使用的语言，得到行内众多领域的认可，下列属于Python主要应用领域的是（   ）。

  A．系统运维   B．科学计算、人工智能

  C．云计算   D．金融量化

三、填空题

1．Python里用来告知解释器跳过当前循环中的剩余语句，然后继续进行下一轮循环，此关键词是_____。

2．Python文件扩展名通常定义为以_____结尾。

3．现有列表L=[1,2,3,4,5,6,7,8,9,0]，那么Python解释器执行L[3::-1]的结果是_____。

UNIT 3

单元 ③
语音数据加工处理

学习目标

⇨ 知识目标

- 熟悉语音数据的采集流程。
- 熟悉语音数据预处理方法。
- 了解语音数据标注的概念。
- 掌握语音数据标注的流程。
- 理解语音数据标注规范。
- 理解语音数据标注质量检测方法。

⇨ 技能目标

- 学会简单的语音数据预处理操作。
- 熟练掌握Praat等语音处理工具的使用。
- 熟练使用语音标注工具,完成语音切分和音素标注。

人机对话智能系统开发（初级）

任务1　语音数据概述与采集

任务描述

随着人工智能在互联网和移动端的不断普及，从智能音箱的蓬勃发展到各种语音输入法、语音交互软件的应用，可以说智能语音技术从技术到商业化落地都远超其他人工智能技术。在这背后，是庞大的语音数据量在支撑。本任务将了解关于语音数据及其采集的一些基本概念，同时借助一款简单的语音数据处理软件Adobe Audition来实现语音数据采集。

任务目标

本任务将通过语音数据处理软件Adobe Audition来进行语音数据的采集，掌握Adobe Audition录音的基本操作，为之后的活动提供原始的语音数据。

任务分析

实现Adobe Audition软件录音的思路如下：

第一步：从官网下载Adobe Audition软件并利用Adobe Creative Cloud进行安装与使用。

第二步：利用Adobe Audition软件进行一段语音数据的采集并保存。

知识准备

1. 语音数据概述

（1）什么是语音数据

数据可以是连续的值，如声音、图像等；也可以是离散的，如符号、文字等。那么具体来说，什么是语音数据？通俗来讲，语音数据是指通过语音记录的数据以及通过语音传输的数据，也就是通常所说的声音文件，如MP3歌曲。语音数据常见的格式主要有：WAVE、MOD、Layer-3、Real Audio、CD Audio等。下面简单介绍一下WAVE格式和MOD格式。

1）WAVE是标准的Windows文件格式，扩展名为"WAV"，数据本身的格式为PCM或压缩型。WAVE文件格式是一种由微软和IBM联合开发的用于音频数据存储的标准,它采用的是RIFF(Resource Interchange File Format)文件格式,非常接近于AIFF和IFF格式。

2)MOD是一种类似波表的音乐格式,但它的结构却类似MIDI,由一组Samples(乐器的声音采样)、曲谱和时序信息组成,告诉一个MOD播放器何时以何种音高去演奏在某条音轨的某个样本。MOD使用真实采样,体积很小,在DOS时期经常作为游戏的背景音乐格式。

(2)语音数据的表示方式

1)时域图。想要分析语音信号的重要特性可以通过它的时间波形,即时域图,如图3-1所示。在时域图中,横轴(自变量)是时间,纵轴是信号的变化。从图3-1中可以得到各个音的起始位置,通过波形振幅和周期性可以观察不同性质的音素的差别。

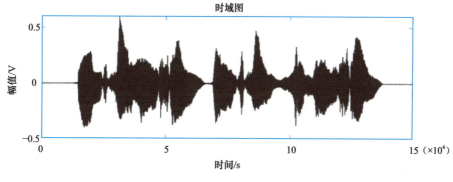

图3-1 时域图示例

2)频域图。频域是时域在另一维度的映射。在频域图中,横轴(自变量)是频率,纵轴是该频率信号的幅度,也就是一个频率范围内每个给定频带内的语音信号量,如图3-2所示。

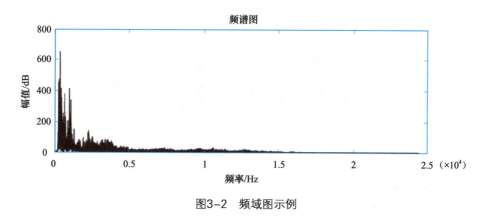

图3-2 频域图示例

(3)语音数据的加工处理

一般来说,语音数据的加工处理包括三大部分:语音数据的采集、语音数据的预处理和语音数据的标注。采集语音数据的渠道包括语音机构获取、互联网采集和APP移动端采集。语音数据的预处理操作主要包括检测语音数据文件命名和属性，对部分语音进行去噪和去除冗余语音数据。最后是语音数据加工中最复杂的语音数据标注。基本流程一般如图3-3所示。

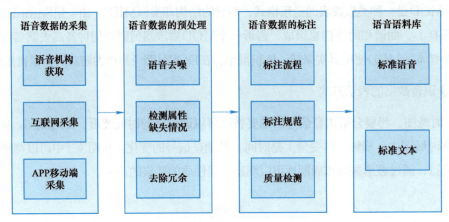

图3-3　语音数据的加工处理基本流程

2. 语音数据采集

（1）语音数据的采集方法

语音数据量越大，涉及面越广，语音数据质量越高，其对应的人工智能算法才能更精确，因此获取足够多的语音数据是非常重要的。就语音数据的获取而言，大型互联网公司企业由于自身用户规模庞大，可以把自身用户产生的语音数据充分挖掘，拥有稳定安全的语音数据资源，对于其他公司和研究机构而言，目前获取语音数据的方法主要有：

1）与语音数据服务机构进行合作：语音数据服务机构通常具备规范的语音数据共享和交易渠道，一些服务机构提供图3-4所示的服务，人们可以在平台上快速、明确地获取自己所需要的语音数据。

图3-4　数据采集服务

2）APP移动端数据采集：APP是获取移动端语音数据的一种有效方式，图3-5为某购物网站的语音客服界面，通过用户和客服的语音对话实现实时收集语音数据的目的。

3）互联网数据采集：通过网络爬虫工具，图3-6为常见的两个爬虫工具，或者网站公开API（Application Programming Interface，应用程序接口）等方式从网站上获取数据信息，该方法可以将数据从网页中抽取出来，将其存储为统一的本地数据文件。同时，使用时应注意合理合法，不得爬取隐私及违法信息。

图3-5　语音客服

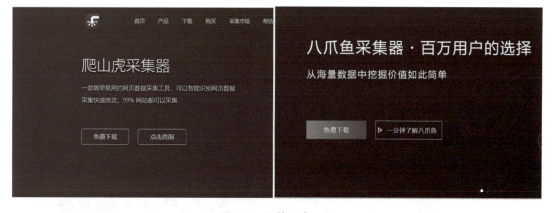

图3-6　网络爬虫工具

除此之外，对语音进行人工录音，或者直接从光盘中提取特定的语音内容等，也均为合适的语音数据采集方法。

（2）语音数据采集流程

1）确定所需语音数据的各项指标。例如，语音内容主题、说话人的编号、年龄以及性别、语音采集时所处的环境等。以下为一个简单的语音数据采集规格实例。

> 采集数量——695人；
>
> 性别分布——男性：324人；女性：371人；
>
> 年龄分布——年龄分布均匀；
>
> 口音分布——口音分布均匀；
>
> 录制环境——录音棚、室外；
>
> 录音语料——日常句子；
>
> 录音设备——舒尔MV51麦克风+联想笔记本计算机；
>
> 音频文件——WAV；
>
> 文件数量——2000条；
>
> 适用领域——语音识别。

2）选择合适的录音设备或软件。常见的录音设备有高素质录音笔、USB麦克风等，常见的音频处理软件有Cool Edit、Adobe Audition等。本书中的语音采集软件选择通用、性能优秀的Adobe Audition软件，它可以提供先进的音频混合、编辑、控制和效果处理功能。Adobe Audition的下载和安装步骤如下。

第一步：用户可以打开百度搜索页面，输入Adobe，或者直接访问https://www.adobe.com/cn，打开Adobe官网，如图3-7所示。

图3-7　Adobe官网

第二步：单击右上角的"帮助与支持"，在弹出的下拉框中单击"下载和安装"按钮，如

图3-8所示。

图3-8 进入下载界面

第三步：跳转到另一页面，如图3-9所示，此页面为Adobe可供下载的软件列表页面。

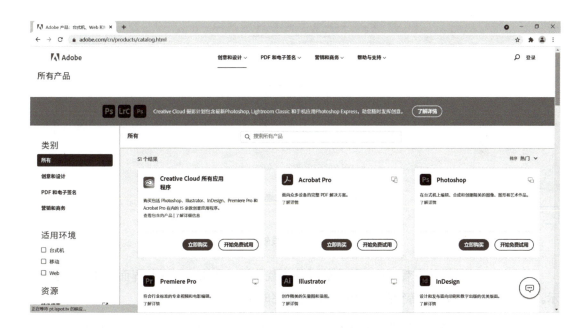

图3-9 软件下载界面

第四步：向下滑动查找到Audition，单击"下载试用版"按钮，如图3-10所示。

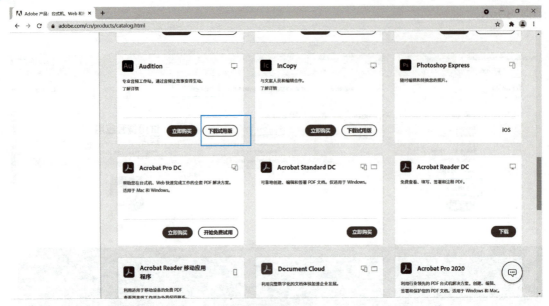

图3-10 下载Audition

第五步：跳转到另一界面，左下角显示已经开始下载软件，如图3-11所示。

图3-11 下载软件

第六步：等待软件下载完毕，找到软件的下载位置，双击进入安装界面，如图3-12所示。单击"继续"按钮，等待图3-13中的进度条完成即可。

第七步：进度条完成后即Creative Cloud安装完毕，如图3-14所示，此时可以看到Adobe Audition已经开始自动安装。

第八步：安装完成后进入Adobe Audition主界面，该界面大致分为工作区、素材选择区和显示区等。这些都是自由窗口，可以任意调整窗口大小、位置、组合等，如图3-15所示。

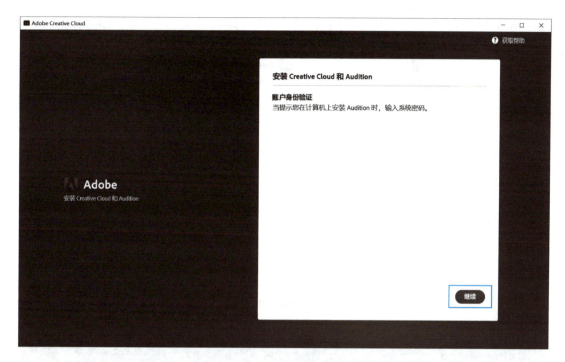

图3-12 安装界面

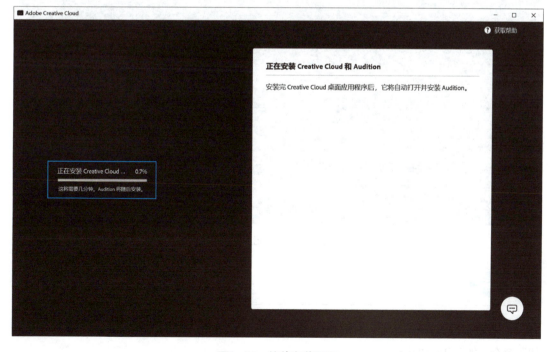

图3-13 等待安装界面

图3-14　Adobe Audition自动安装界面

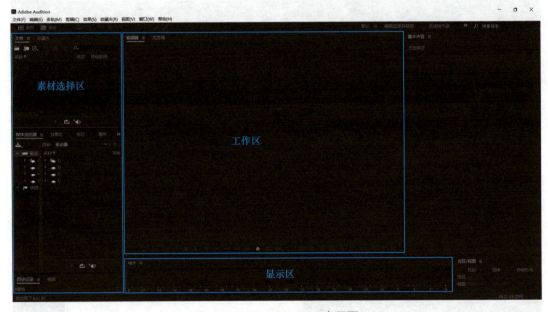

图3-15　Adobe Audition主界面

任务实施

第一步：进入Adobe Audition主界面，单击左上角"文件"→"新建"→"音频文件"命令，如图3-16所示。

图3-16 新建音频文件

扫码看视频

第二步：弹出"新建音频文件"对话框，如图3-17所示，这里可以根据实际需要选择合适的参数。

图3-17 "新建音频文件"对话框

第三步：单击图3-18中方框标记处的红色按钮，即开始录音，如果要停止录音，可以再次单击此按钮。

第四步：单击图3-19方框处的"播放"和"暂停"按钮，查看录音效果。

第五步：录音完毕后，选择左上角"文件"→"另存为"命令，填写文件名为"录音文件",并选择音频的存储路径,然后单击"确定"按钮即可,如图3-20所示。

图3-18 录音开始/停止按钮

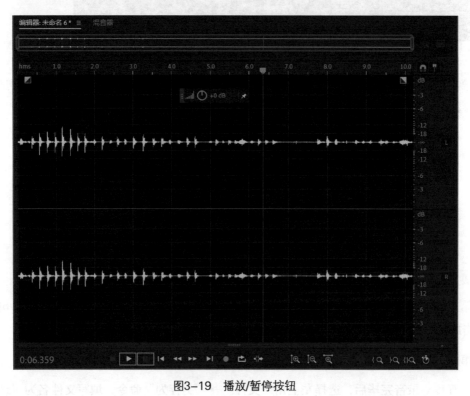

图3-19 播放/暂停按钮

单元3
语音数据加工处理

图3-20 保存录音

任务2 语音数据预处理

任务描述

本任务主要针对之前采集到的语音数据，进行统一的语音数据预处理操作。读者需要了解语音预处理方面的概念，以及利用Adobe Audition软件进行一项简单的语音数据去噪预处理操作。

任务目标

通过使用Adobe Audition软件，初步实现一个简单的对于语音数据的预处理去噪功能，以便为接下来的任务活动提供合适的语音数据。

任务分析

实现语音数据去噪的思路如下：

第一步：打开Adobe Audition软件，导入需要降噪处理的语音数据。

第二步：利用Adobe Audition软件内置的功能捕捉噪声样本并进行降噪。

第三步：保存降噪处理后的语音数据。

> 知识准备

1. 语音数据的预处理

在获取语音数据后,并不是每一条语音数据都能够直接使用,有些语音数据是不完整、不一致、有噪声的,需要进行语音数据预处理。例如,对所有采集到的语音数据进行筛检,去掉重复的、无关的内容,对于异常值和缺失值进行查漏补缺,最大限度纠正语音数据的不一致性和不完整性,这样才能真正投入接下来的任务活动中。

2. 语音数据预处理方法

如前所述,为了获取高质量的语音数据,在采集完语音数据之后,一般有如下几种预处理方法:

1)处理缺失值。收集的语音数据很难做到全部完整,可以将含有缺失属性值的对象(元组、记录)直接删除,从而得到一个完备的信息表。如图3-21所示,第五条记录缺少"性别"记录,可以将这一项直接删除。同时,也可以使用一定的值对缺失属性进行填充补齐,从而实现数据补齐。

图3-21 缺失值举例

2)处理噪声数据。噪声是一个测量变量中的随机错误或偏差。造成这种误差有多方面的原因,例如,语音数据收集工具的问题、语音数据输入、语音传输错误和语音技术限制等。可以利用Audio Audition软件来进行消除噪声操作,图3-22即为处理前后的对比图。这一处理将在后续任务实施中详细实现。

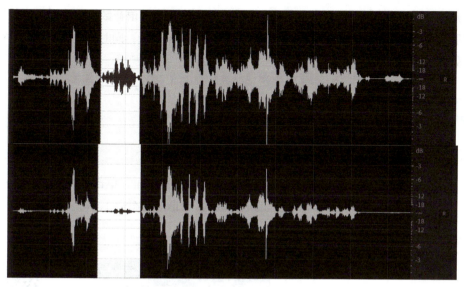

图3-22　去除噪声的前后对比

3. 语音数据预处理流程

在具体的语音数据预处理过程中,可以按照图3-23所示的具体流程开展。

图3-23　语音数据预处理流程

1)明确错误类型。常见的语音错误类型有语音数据属性缺失、语音数据重复和语音数据噪声过大等。在这个环节,可以手动检查语音数据样本的属性,例如,检查图3-21所示语音文件中"性别"项的缺失,分析语音数据中存在的错误,并在此基础上定义语音数据预处理规则。根据语音数据源的数量以及缺失、不一致或者冗余等情况,针对性进行处理。

2)纠正发现错误。对于纠正错误,则按照最初预定义的语音数据清洗规则和流程有序进行。为了处理方便,应该对语音数据源进行分类处理,并在各个分类中将属性值统一格式,做标准化处理,见表3-1。

表3-1　错误类型、描述和处理

错误类型	语音数据属性缺失	语音数据冗余	语音数据含有噪声
错误描述	录音人性别、年龄、口音等元组缺失	语音数据出现重复	由于录音设备或环境不同,包含环境噪声
纠正错误	针对性删除属性缺失的语音数据	删除重复语音数据	利用语音处理软件进行去噪

此外,在处理之前应该对语音源数据进行备份,以防需要撤销操作或者发生数据丢失等意外情况。

3）干净数据回流。通过以上环节已经基本可以得到干净的语音数据，这时需要替换掉原来的"脏"数据，实现干净语音数据回流，以提高语音数据质量，同时也避免了重复进行语音数据预处理的工作。

任务实施

实现语音数据预处理去噪的流程如下：

第一步：打开Adobe Audition软件，进入软件主界面，单击执行"文件"→"导入"→"文件"命令，导入一段需要处理的语音数据，如图3-24所示。

扫码看视频

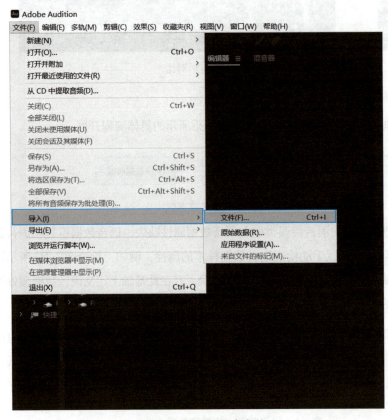

图3-24　导入语音文件

第二步：导入后会形成一段波形，如图3-25所示。可以看到在两个大的波幅之间原本应该是没声音的，但还是存在振幅不大的小波形，这就是环境噪声的波形。

第三步：选取噪声以后，单击"效果"→"降噪/恢复"→"捕捉噪声样本"命令，如图3-26所示。

第四步：单击后会发现画面一闪，之后不再变化。这时选取需要降噪的区域（这里全选，整段音频都需要降噪），如图3-27所示。

第五步：执行"效果"→"降噪/恢复"→"降噪（处理）"命令，如图3-28所示。

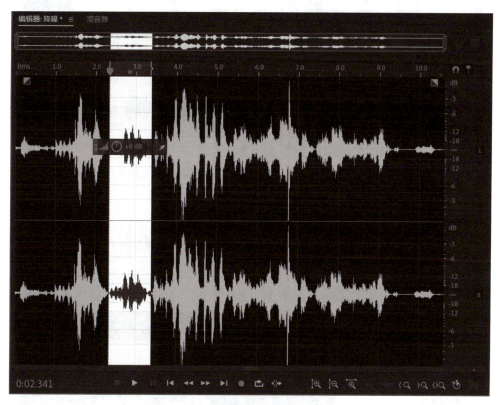

图3-25 波形图

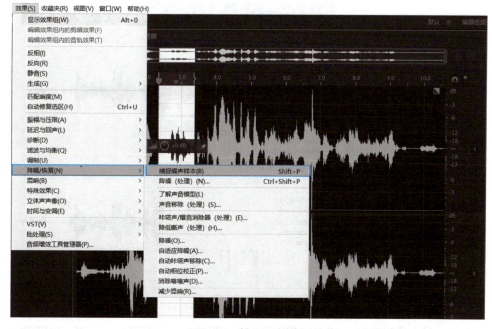

图3-26 捕捉噪声样本

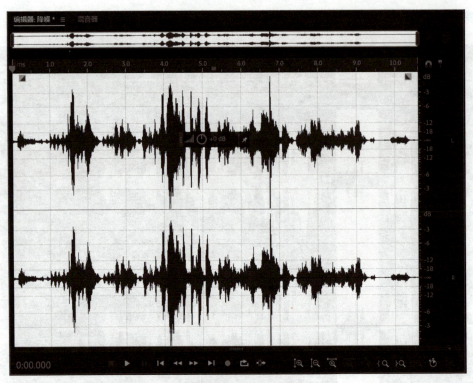

图3-27 全选音频

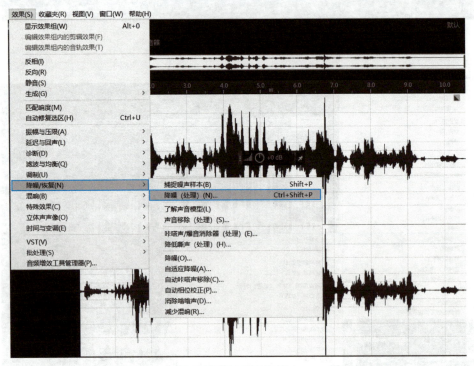

图3-28 降噪处理

第六步：进入降噪窗口，如图3-29所示，将降噪数值设定在70%。不要一次降噪太多，声音容易失真，一般选择70%左右即可。如果效果不好，可多次降噪，但每次都需要重新捕捉噪声样本；如果失真太多，可调整降噪数值。调好后单击"应用"按钮。

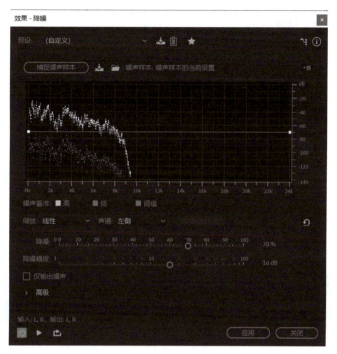

图3-29 降噪窗口

第七步：处理完毕后，会得到一个"瘦身"的波形图，如图3-30所示。和之前的波形图对比，可以很明显地看出两段大波形之间大部分的小波形被过滤掉。

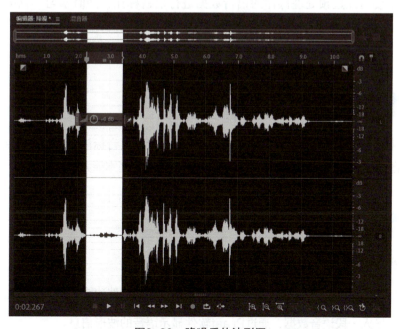

图3-30 降噪后的波形图

第八步：完毕后，单击执行"文件"→"另存为"命令，弹出如图3-31所示的窗口，填写文件名为"降噪"，选择存储位置，然后单击"确定"按钮，至此降噪过程就完成了。

图3-31　存储降噪文件

任务3　标注语音数据

任务描述

本任务主要对经过预处理操作的语音数据进行语音标注，同时学习一款语音标注软件Praat，掌握它的基本操作方法，实现对语音数据关于"语音内容"和"说话人"的语音数据标注。

任务目标

通过使用Praat实现对语音数据的标注，学习Praat在语音标注方面的主要功能、使用方法及进行语音标注的相关操作流程，掌握对语音进行标注的基本能力。

任务分析

进行语音数据标注的任务思路如下：

第一步：从官网下载并安装Praat语音标注软件，学习软件功能。

第二步：导入一段语音数据，通过Praat软件显示语音的波形信息。

第三步：利用软件自带的标注相关的控件及组件，基于时间轴进行分段，在不同的层上标注文字信息、说话人性别和语气等相关信息。

第四步：保存标注处理后的文件。

1. 语音数据标注基本概念

（1）什么是语音数据标注

在聊天软件中通常会有一个语音转文本的功能，如图3-32所示，大多数人可能都知道该功能是由智能算法实现的，但是很少有人会想，算法为什么能够识别这些语音？

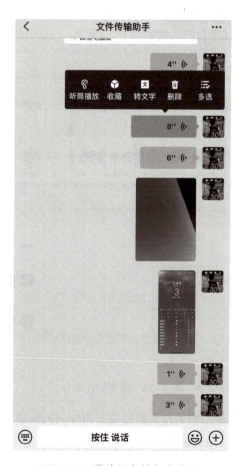

图3-32 微信语音转文本功能

算法最初是无法直接识别语音内容的，需要经过人工对语音内容进行文本转录，将算法无法理解的语音内容转化成容易识别的文本内容。在这个过程中，需要大量的人工去标记这些

"说出的话"所对应的"文字",采用人工的方式一点点去修正语音和文字之间的误差,这就是语音数据标注。

语音数据标注的目的是为各大机构和公司的语音交互应用提供大量的、经过标注筛选的语音数据来进行训练学习,从而获得人机交互邻域的领先地位。

(2)常见的语音数据标注方式

目前投入实际商用的常见语音数据标注方式主要分为以下三种:

第一种是雇佣型专家标注,指的是企业内部雇佣专职标注员,针对专业领域和特定要求对本公司软件或者第三方收集到的语音数据进行标注。

第二种是采用社会型众包标注,它是目前大部分人工智能公司和科研机构采用的数据标注手段,指的是通过数据标注公司将数据标注众包分发给社会兼职人员,在网上统一的相关标注软件上进行标注,语音标注平台的示例如图3-33所示。

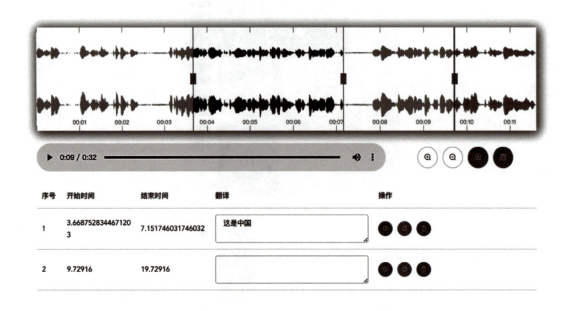

图3-33　语言标注平台

第三种是智能自动化标注,指的是先经过简单声学+分词+语义等组合模型对源数据进行初始标注,在获得粗略标注结果后再通过二轮模型或人工校验来核对基本标注结果,如果需要进一步对具体问题和深入场景进行深度标注,则再将初标数据交给企业内部员工或深度模型进一步标注。

上述三种语音标注方式的优缺点见表3-2。

表3-2　语音标注方式的优缺点

语音标注方式	雇佣型专家标注	社会型众包标注	智能自动化标注
优点	校验流程标准化，标注数据类型相对专一，进度和质量有一定保障	标注服务易于通过资金换取，且标注数据量小的情况下性价比更高	利用人工智能简化标注流程，降低了部分标注人工耗费成本
缺点	长期雇佣成本较高，标注人员相对固定，标注工作本身非常枯燥无味，容易出现人员流失，对标注进度造成一定的影响	标注人员构成复杂且一般只经过简单培训，标注的质量和进度难以保证，针对高质量特殊需求的语料众包标注成本又非常高，数据量稍大成本就会超过雇佣型专家标注	针对复杂问题标注仍需要人工的参与，训练智能标注模型本身也需要一定数据量才能完成，而很多小样本智能语音领域往往在数据获取上受限

（3）语音数据标注的应用场景

一般来说，语音数据标注可以为语音商务、智能家居、智慧医疗和车载语音助手等应用场景提供支持，下面介绍两个典型的应用场景。

1）车载语音助手。车载语音场景如图3-34所示，最突出的特点是用户的注意力被占用，从而为屏幕操作带来不便。在此情景下，车载语音助手变得尤为重要。实现语音助手应用，需要大量的车载语音数据来对模型进行训练。而采集到的车载语音数据有诸多不足，例如，噪声大、噪声源多样、复杂的车内环境以及多说话人的影响，这就需要通过语音数据标注进行一定的处理，从而更好地对模型进行训练。

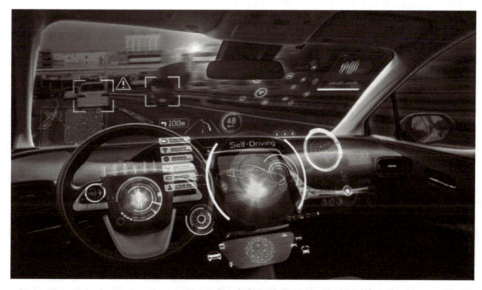

图3-34　车载语音场景

2）智能家居。人们越来越习惯用声音去操作复杂的家居设备，如电视、空调、家用摄像头等。智能语音家居生态系统正在快速成熟，构建高效、安全、便捷的家居环境成为现实，如图3-35所示。但家庭场景仍然面临一系列挑战，如多说话人影响、噪声较大且噪声源多样，同样需要进行语音数据标注才能训练出合格的模型。

图3-35　智能语音家居系统

2．语音数据标注软件

在标注领域有许多可供选择的工具，例如，针对图像标注的VoTT和精灵标注助手，针对语音标注的Praat和Label Studio软件。Praat软件的免费、占用空间小、功能强大和操作方便等优势成为普遍选用的专业语音数据标注软件。

Praat语音学软件，原名Praat: doing phonetics by computer，通常简称Praat，是一款跨平台的多功能语音学专业软件，主要用于对数字化的语音信号进行分析、标注、处理及合成等实验，同时生成各种语图和文字报表。

（1）Praat软件的下载和安装

Praat支持Windows、Linux、Macintosh等系统，同时还公开源代码，用户可以访问http://www.fon.hum.uva.nl/praat/来下载该软件对应操作系统的版本，或者通过百度搜索Praat，找到Praat官网，打开后如图3-36所示。

根据计算机系统选择合适的版本下载，以Windows系统为例，单击左上角选择Windows，进入如图3-37所示的下载界面。

该软件有32位版本和64位版本，选择相应的版本下载，下载后解压到指定文件夹，单击Praat图标即可运行Praat程序，如图3-38所示。

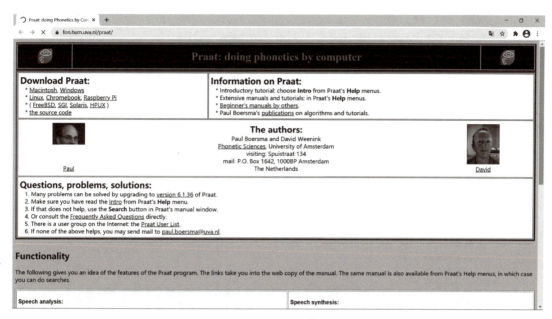

图3-36　Praat软件官网

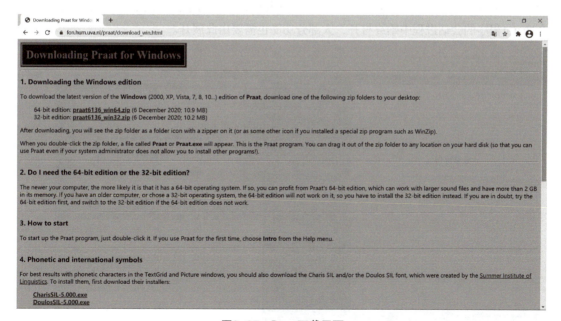

图3-37　Praat下载界面

图3-38 下载后的Praat程序

(2) Praat软件界面介绍

Praat程序由外围与核心两层构成,如图3-39所示。外围主要包括对象窗口(标题为Praat Objects)、画板窗口(标题为Praat Picture)。对象窗口也是Praat的主控窗口,在Praat程序的会话进程中始终打开,大部分功能也需要由此展开。

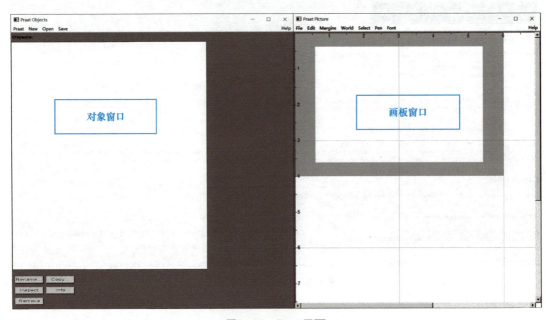

图3-39 Praat界面

3. 语音标注规范

生活中，语音标注最典型的应用是客服录音的数据标注。客服录音数据标注有着严格的质量要求，具体标准就是文字错误率和其他错误率。文字错误率是指语音内容方面的标注错误。只要有一个字错了该条语音就算错，一般文字错误率要控制在3%之内。其他错误率是指除了语音内容以外的其他标注项错误。只要有一项错了，该条语音也算错，一般应控制在5%以内。客服录音数据标注规范具体包括以下6个方面：

1）确定是否包含无效语音。无效语音是指不包含有效语音的类型，比如，由于某些问题导致的文件无法播放；音频全部是静音或者噪音；语音不是普通话，而是方言，并且方言口音很重，造成听不清或听不懂的问题；音频背景噪声过大，影响说话内容识别；语音音量过小或发音模糊，无法确定语音内容；语音只有"嗯""啊""呃"等语气词，无实际语义。

2）确定语音的噪声情况。常见噪声包括但不限于主体人物以外其他人的说话声、咳嗽声。此外，雨声、动物叫声、背景音乐声、自行车链条摩擦声、明显的电流声也包括在内。如果能听到明显的噪声，则选择"含噪声"，听不到，则选择"安静"。

3）确定语音中夹杂英文的情况。要按照以下方式进行处理：如果英文的实际发音为每个字母的拼读形式，则以大写字母形式去标注每一个拼出的字母，字母之间加空格，如"WTO""CCTV"等；假如出现的是英文单词或短语，对于常用的专用词汇，在可以准确确定英文内容的情况下，可以以小写字母的形式标注每个单词，单词与单词之间以空格分隔，如"gmail dot com"；在其他情况下直接抛弃。

4）确定说话人的数量。说话人数量，即标注出语音内容是由几个人说出的。因为此处讲的是客服录音，所以一般都是两个人的说话声。确定说话人的性别。如果在该语音中，有多个人说话，则标注出第一个说话人的性别。

5）确定是否包含口音。在语音标注过程中，如果有多个人说话，这时候就需要标记出第一个说话的人是否有口音。"否"则代表无口音，"是"则代表有口音。常见有口音的问题有"h"和"f"不分、"l"和"n"不分、"n"和"ng"不分（此处字母代表拼音字母），以及分不清前后鼻音、平翘舌等情况。

6）语音内容方面。假如两个人同时说话，则以主体说话人声音较大的为标准来转写文字。假如一条语音中有两个人同时说出了低于三个字的话，且听不清楚，则将听不清楚的地方用"【d】"表示。假如一条语音中低于三个字的部分噪声太大，盖住说话人的声音而导致听不清的，将听不清的部分用"【n】"来表示。

此外，由于语音数据标注对时间标注准确率要求较高，所以对每个有效的音频文件都需要标注语音的起始和终止时间点，语音的文本标注内容需要与语音起止时间段内的数据完全对应。默认情况下，以整个音频文件的起止点作为有效语音起止点，但遇到以下情况时，需要进行人工修改。

1）有效语音的开头/结尾处出现了较长时间（超过0.5s）的静音，则需要手工调整语音的起止时间，将时间标注点后移/前移，在有效语音开始前/结束后保留约500ms静音段即可。

2）对于音频中有部分内容听不懂的情况，可以直接放弃，也可以人工选择一段可以听懂的部分，标记其起始和终止时间点，并在文本标注中给出对应的文本信息（标注的时间段与标注的文本信息需要严格一一对应，严禁在文本中出现与标记时间段内语音信息不匹配的标注）。

3）对于音频中从始至终伴随有噪声的情况，需要人工确定有效语音的起始位置，并在音频属性中标注背景带噪，有效语音开始前和结束后的背景噪声需要被排除在语音起止时间之外。

4．语音数据标注质量检测

（1）什么是质量

要了解质量检验，首先需要知道到底什么是质量？美国质量管理专家约瑟夫·莫西·朱兰（J. M. Juran）从顾客的角度出发，提出了产品质量就是产品的适用性。即产品在使用时能成功地满足用户需要的程度。用户对产品的基本要求就是适用，适用性恰如其分地表达了质量的内涵。另一位美国质量管理专家菲利浦·克劳士比（P. B. Crosby）从生产者的角度出发，曾把质量概括为"产品符合规定要求的程度"。

通过质量管理专家的不同观点，可以看出质量是需要满足用户的需求，生产者需要根据客户需求制定产品要求，而产品要求既需要考虑到用户需求，还需要考虑用户能够接受的价格，而数据标注的质量同样适用上述观点。

（2）提升语音数据标注质量的意义

随着近年来人工智能产业的发展，在计算力、算法和数据的合力推动下，人工智能技术的突破与行业落地如雨后春笋，焕发源源不断的生机。语音数据标注在人工智能与各种行业应用相结合的研究过程中扮演着重要的角色。人工智能算法的训练效果在很大程度上需要依赖高质量的数据集，如果训练中所使用的标注数据集存在大量噪声，将会导致算法模型训练不充分，这样在训练效果验证时会出现目标偏离、无法识别的情况。所以，语音标注质量的提升对后期人工智能算法训练效果的优化具有非常重要的意义。

（3）语音数据标注质量标准

产品的质量标准是指在产品生产和检验的过程中判定其质量是否合格的根据。对于数据标注行业而言，数据标注的质量标准就是标注的准确性。

语音数据标注在质量检验时需要在相对安静的独立环境中进行，在语音数据标注的质量检验中，质检员需要做到眼耳并用，时刻关注语音数据发音的时间轴与标注区域的音标是否相符。检验每个字的标注是否与语音数据发音的时间轴保持一致。

语音数据标注的质量标准是标注与发音时间轴误差在1个语音帧以内,在日常对话中,字的发音间隔会很短,尤其是在语速比较快的情况下,如果语音标注的误差超过一个语音帧,很容易标注到下一个发音,让语音数据集中存在更多噪声,影响最终的机器学习效果。

(4)语音标注质量检验方法

质量检验可以收集、积累和发现大量的质量信息和情报。例如,为在语音数据标注中随时发现标注质量异常现象,通过质量检验会及时发出警报或信息,促使生产部门迅速采取纠正措施。一般来说,质量检验方法有如下几种。

1)实时检验。实时检验是流动检验的一种方式(即流动检查,也称巡回检验,是检验员在生产现场按照一定的时间间隔对有关工序的产品质量的监督检验),一般安排在语音数据标注任务进行过程中。实时检验流程如图3-40所示。

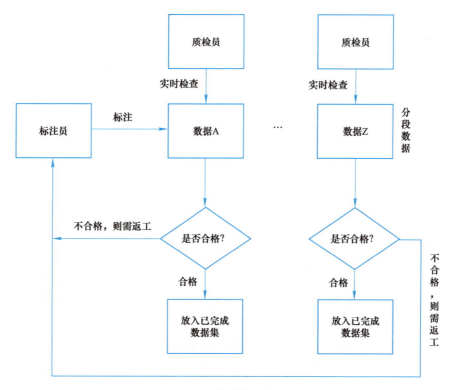

图3-40　实时检验流程图

2)全样检验。全样检验是语音数据标注任务完成交付前必不可少的过程,没有经过全样检验的语音数据标注是无法交付的。全样检验需要质检员对已完成标注的语音数据集进行集中全样检验,严格按照语音数据标注的质量标准检验,并对整个语音数据标注任务的合格情况进行判定。全样检验流程如图3-41所示。

3)抽样检验。抽样检验是产品生产中的一种辅助性检验方法。在语音数据标注中,为了保证语音数据标注的准确性,会将抽样检验方式进行叠加,形成多重抽样检验方法,如流程图

3-42所示，此方法可以辅助实时检验或全样检验，以提高语音数据标注质量检验的准确性。

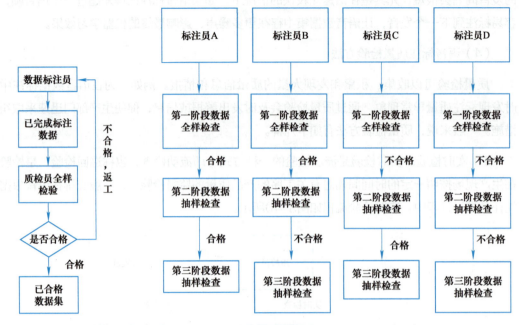

图3-41　全样检验流程图　　　　　图3-42　多重抽样检验流程图

任务实施

第一步：双击启动Praat，可以看到两个窗口，对于本实验，不需要使用Praat Picture窗口，关闭即可，只保留Praat Objects窗口，如图3-43所示。

第二步：单击执行"Open→Read from file..."命令，选择要标注的语音文件"test.mp3"并打开，可以看到在"Objects"列表中出现了"1. Sound test"，单击右侧的"Annotate"按钮，选择"To TextGrid"，如图3-44所示。

第三步：弹出"Sound:To TextGrid"窗口，在"All tier names:"栏中输入要进行语音标注的层的名字。在进行语音标注时，往往要对一段语音标注出不同层次的信息，如语音的文字内容、说话人的性别和说话人的情绪等信息。这里可以分两层，分别是"内容"和"说话人"，不同层名之间用半角空格间隔，删除"Which of these are point tiers?"栏中的内容，单击"OK"按钮，如图3-45所示。

第四步：在"Praat Objects"窗口的"Objects"列表中将会出现"2.TextGrid test"列表项，按住键盘上的<Ctrl>键，用鼠标同时选中"1.Sound test"和"2.TextGrid test"项，并单击右侧"View & Edit"按钮，打开"TextGrid"窗口，如图3-46所示。

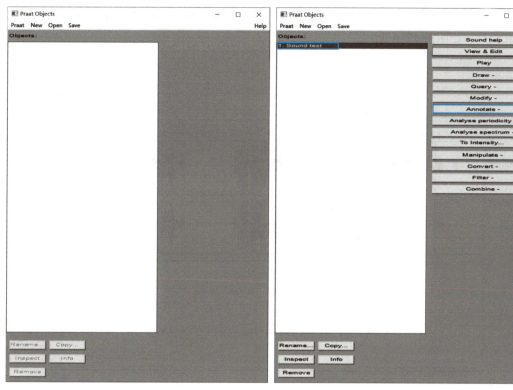

图3-43　Praat Objects窗口

图3-44　导入声音文件

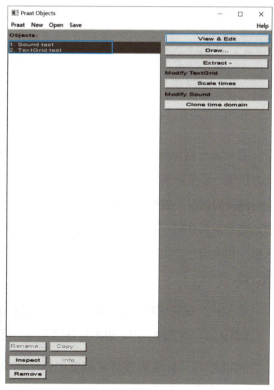

图3-45　语音标注的不同层次信息设定

图3-46　打开TextGrid窗口

第五步：打开"3.TextGrid test"窗口，可以看到导入的语音波形信息以及标注的相关控件和组件，如图3-47所示。

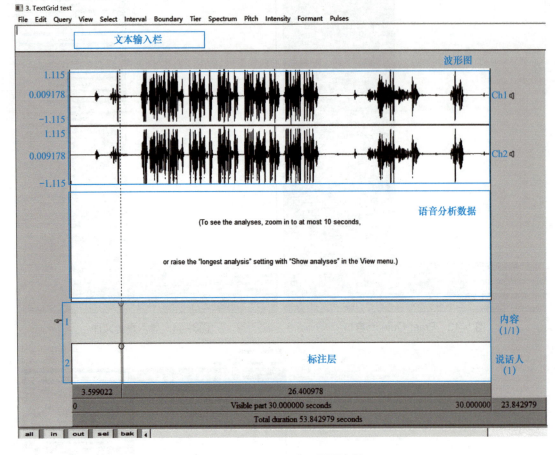

图3-47　TextGrid窗口界面布局

第六步：将鼠标移动到语音波形或分析的相应位置，这时会出现一条虚线，并在每一层上方出现一个小圆圈，单击相应的小圆圈即可添加一条时间边界。选择波形中的一段语音，每个时间段的长度一般不超过8s，也不能太短，要根据说话的人物及内容进行合理的分隔。在该段语音的前后在每一层分别添加时间边界，如图3-48所示。分隔后，就可以在相应的层上输入标注相关信息，如图3-49所示。如果要删除刚添加的时间边界，可以按<Alt+Backspace>组合键。

第七步：在完成对语音的标注后，就可以按<Ctrl+S>组合键将标注数据保存为扩展名为"TextGrid"的文件。用记事本打开该文件，可以看到如图3-50所示的内容。

可以看到，标注的语音数据就是基于时间轴进行分段，然后在不同的层上标注文字信息。

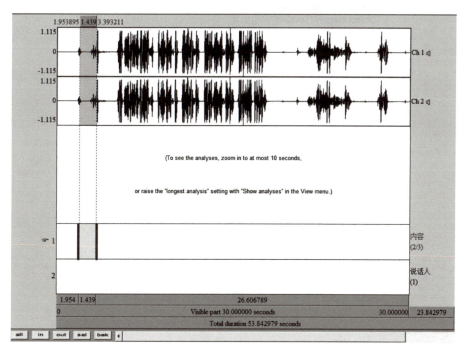

图3-48　添加时间边界

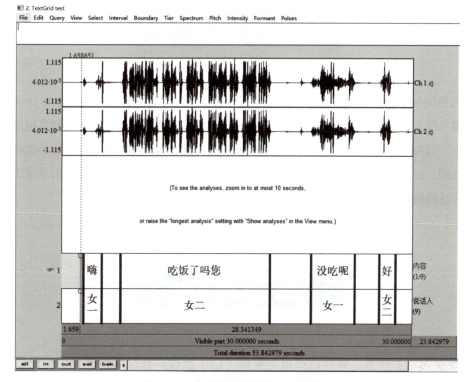

图3-49　在对应标注层输入相关信息

图3-50 标注数据的格式

单元小结

语音数据加工和处理在自然语言处理过程中起着至关重要的作用,通过本单元的学习,读者了解了什么是语音数据概述、什么是语音数据采集、掌握了语音数据预处理流程及相关软件的使用、语音数据标注处理流程及相关软件的使用,通过实现Adobe Audition软件录音、数据预处理、Praat数据标注等任务,具备了自己可以完成语音标注的预处理和完成语音切分和音素标注的能力。

单元评价

通过学习以上任务,看看自己是否掌握了以下技能,在技能检测表中标出已掌握的技能。

评价标准	自我评价	小组评价	教师评价
能够了解语音数据采集方法			
能够了解语音数据预处理流程			
能够进行语音数据去噪			
能够了解语音标注基本概念			
能正确下载、安装和使用语音标注软件Praat			
能够了解质量检测的意义			
能够利用Praat进行语音数据标注			

备注：A为能做到；B为基本能做到；C为部分能做到；D为基本做不到。

课后习题

一、选择题（单选）

1. 语音数据标注的素材主要针对有监督的机器学习场景，在这一背景下，往往（　　），其"喂养"的人工智能算法才能更精确。

　　A．语音数据量越大，涉及面越广，语音数据质量越低

　　B．语音数据量越大，涉及面越专，语音数据质量越低

　　C．语音数据量越大，涉及面越广，语音数据质量越高

　　D．语音数据量越大，涉及面越专，语音数据质量越高

2. 质量检验是采用一定检验测试手段和检查方法测定产品的质量特性，但在语音数据标注中一般不包括哪种检验方法（　　）。

　　A．全样检验　　B．抽样检验　　C．实时检验　　D．周期检验

二、选择题（多选）

1. 目前获取语音数据的方法主要包括（　　）。

　　A．人工录制　　　　　　　　B．互联网数据采集

　　C．APP移动端数据采集　　　D．与数据服务机构进行合作

2. 常见的噪声包括（　　　）。

 A．主体人物以外其他人的说话声

 B．雨声、动物叫声

 C．背景音乐声

 D．自行车链条摩擦声、明显的电流声也包括在内

3. 无效语音包含以下类型（　　　）。

 A．语音不是普通话，而是方言，并且方言口音很重，造成听不清或听不懂

 B．两个人谈话，谈话内容少于（或等于）3个字

 C．音频背景噪声过大，影响说话内容识别

 D．语音只有"嗯""啊""呃"的语气词

三、填空题

1. 获取语音数据后，并不是每一条数据都能够直接使用，有些语音数据是_____、_____、_____的脏数据，需要通过数据预处理，才能真正投入问题的分析研究中。

2. 在具体的数据清洗过程中，可以按照_____、_____、_____的具体流程开展。

四、实践操作

现有1段人物对白语音，请使用Praat标注工具将音频中的人物对话内容及性别标注出来。

要求：

1）将语音分为"内容""性别"两层，在"内容"层标注出语音的对话内容，在"性别"层标注出说话人的性别。

2）将标注结果保存为TextGrid格式。

五、知识拓展

利用Praat软件实现语音数据的情绪标注，标注出说话人在不同时刻所表现出的情绪，可以用"兴奋""失望"和"难过"等词语描述。

UNIT 4

单元 ④
人机对话系统语音识别实战

学习目标

⇨ 知识目标

- 了解语音识别的概况。
- 了解语音识别的发展及现状。
- 理解语音识别的原理及应用。
- 掌握HTTP工作原理。
- 掌握腾讯云小微语音识别接口的调用。
- 了解pywin32语音识别模块。

⇨ 技能目标

- 掌握语音识别的方法。
- 能够通过调用腾讯云小微语音识别接口实现语音识别。
- 能够利用pywin32语音识别模块实现语音合成。

任务1 实现腾讯云小微API语音识别

任务描述

语音识别是一门交叉学科。近几年来，语音识别技术取得飞速发展，开始逐渐走向市场。语音识别技术就是让机器通过识别和理解过程把语音信号转变为相应的文本或命令的技术。与机器进行语音交流，让机器明白说的是什么，这是人们长期以来梦寐以求的事情。本任务旨在了解语音识别的概念、分类、发展简介、基本原理和应用以及HTTP的相关知识，掌握语音识别实现方法和语音识别的API使用。

任务目标

在对语音识别技术有了初步的了解后，在官网上获取腾讯云小微Appkey，发送请求接入腾讯云小微API，实现语音识别功能。

任务分析

基于腾讯云小微平台API实现语音识别的思路如下：

第一步：进入功能界面，在"我的应用列表"获取"Appkey"。

第二步：转换JSON对象，定义请求参数。

第三步：封装请求数据。

第四步：使用"requests.post()"发送请求。

知识准备

1. 语音识别概述

（1）语音识别的定义

语音识别（Automatic Speech Recognition，ASR）是了解和学习人工智能不可或缺的技术，从亚马逊的明星产品Echo到谷歌Master，从京东、科大讯飞合作的叮咚到腾讯云小微都离不开语音识别这项技术。比如，在使用微信交流时，如果不方便接听别人发送的语音信息，就可以把对方的语音信息转成文字信息显示，由此可见语音识别的重要性。

语音识别以语音为研究对象,通过机器对语言信号进行分析和处理,将人类的语音信号转变为相应的文本信息或者命令。近几年,随着语音识别技术的快速发展,智能语音功能已在车载、智能家居、移动设备等场景中广泛应用,语音对话机器人、语音助手、互动工具等智能产品也走进了人们的日常生活。

(2)语音识别的发展

语音识别技术的发展有一定的历史背景,语音识别技术的研究最早开始于20世纪40年代。20世纪80年代,语音识别研究的重点已经开始逐渐转向大词汇量、非特定人连续语音识别。到了20世纪90年代以后,语音识别并没有什么重大突破,直到大数据与深度神经网络时代的到来,语音识别技术才取得了突飞猛进的进展。语音识别发展的具体时间和内容见表4-1。

表4-1 语言识别的发展过程

时间	研究内容
1942年	贝尔研究室出现了世界上第一个能识别10个英文数字发音的实验系统
1960年	英国出现了第一个计算机语音识别系统
1980年以后	美国资助了一项为期10年的DARPA战略计划
1986年	在我国,语音识别作为智能计算机系统研究的一个重要组成部分而被专门列为研究课题
2002年	中科院自动化所及其所属模式科技(Pattek)公司发布了他们共同推出的面向不同计算平台和应用的"天语"中文语音系列产品——PattekASR,结束了中文语音识别产品自1998年以来一直由国外公司垄断的历史
2009年	随着深度学习技术的发展,特别是DNN(深度神经网络)的兴起,语音识别精准率得到了显著提升

直至今日,语音识别技术的发展可谓是日新月异、百家争鸣,人们与机器用自然语音对话的梦想也逐渐实现。语音识别技术研发至今有了突飞猛进的发展和质的飞跃,技术方面取得了如下进展。

1)隐式马尔科夫模型(HMM)成为语音识别的主流方法。

2)以知识为基础的语音识别研究受到重视。

3)人工神经网络在语音识别中兴起。

4)语音识别系统研发成功。

5)深度学习研究引入到语音识别声学模型训练。

6)语音识别解码器采用基于有限状态机(WFST)的解码网络。

2. 语音识别市场现状及发展趋势分析

语音识别可以从两个角度去理解,从广义上语音识别可以理解为机器可以把语音转换成文字或命令，从狭义角度来说是通过语音识别让计算机明白要表达的内容。语音识别因技术进步飞快，市场需求不断扩大等优势在社交娱乐、搜索、虚拟机器中得以大量应用，一些新兴的公司也在不断奋起直追，抓住人工智能语音识别的市场。

语言助手、语言输入、语言搜索等是语音识别产业中的主要应用方式，其渗透范围不断扩大，技术水平突破提升，相关商业应用也在不断增多。在我国当前的人工智能产业中，智能语音是一个产业化程度相对成熟、产业规模较大的一个细分领域。从2014年整个市场规模28.6亿元，到2019年整个智能语音市场规模已经超过200亿元，整个行业正经历着高速的发展，预计未来几年，智能语音市场仍然会保持着较高速度快速发展。我国智能语音市场规模统计如图4-1所示。

图4-1 我国智能语音市场规模统计

3．语音识别的分类

（1）识别对象

语音识别根据识别对象的不同可以分为三类，分别是孤立词识别、连接词识别、连续语音识别。详细介绍如下。

1）孤立词识别。孤立词主要用于通过语音控制识别家电开关、音量、系统等，在这过程中要求识别事先已知的孤立词，每个词后面会有对应的停顿，如"开机""关机"等，具有识别精度高、词汇量大、计算复杂度低等特点。

2）连接词识别。连接词识别主要用于数据库查询、控制系统或电话中，可以由多个关键词组成，在该过程中主要是在连续语音中识别若干个关键词，不是识别全部文字，如在一段话中检测"人工智能""计算机"这两个词。

3）连续语音识别。连续语音识别其含义为识别任意的连续语音，连续语音是最自然的说话方式，在实现过程中比较复杂，成本较高，如一段话或一个句子。

（2）说话人范围

语音识别可以根据说话人范围的不同进行分类，从该角度可以分为特定人语音识别和非特定人语音识别。其中特定人语音识别只能识别一个人或几个人的语言，主要适用于人群简单、说话特点易识别等场合；非特定人语音识别可识别任何人的语言，具有应用广、通用性好等特点，相对特定人语音识别具有一定的难度性、困难性等，不容易得到想要的结果。

（3）应用场景

语音识别的应用非常广泛，如语音输入系统、电话查询系统、订票服务、医疗服务、银行服务等，语音识别可以根据应用场景的不同分为电信级系统应用、嵌入式应用和特殊应用三类。

1）电信级系统应用。电信级系统应用主要是根据自动语音服务在各行业的自动语音服务中心设定的，主要应用于股票交易、电子商务、旅游服务、金融领域、电话银行、联通移动电信三大运营商等。电信级系统应用领域如图4-2所示。

图4-2　电信级系统应用领域

2）嵌入式应用。语音识别在嵌入式方面的应用主要是以基础应用的形式集成在各类终端上，如智能手机，需要嵌入到芯片中，机器人和智能家居也是同样的原理。嵌入式应用领域如图4-3所示。

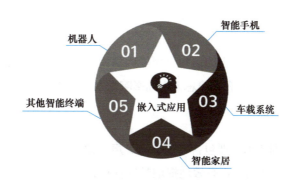

图4-3　嵌入式应用领域

3）特殊应用。语音识别技术也可以应用于身份的识别和辨认。比如私人电子产品的语音密码，只能通过识别物主的声音解锁才能打开使用。

4.语音识别系统的基本原理

(1)传统语音识别原理

在传统的语音识别方法中,一般情况先用语音的声学模型和输入信号进行匹配,得出一组候选的单词串,然后使用语音的语言模型找出符合句法约束的最佳单词序列。声学模型通过对语音数据进行训练获得,输入是特征向量,输出候选字词;而语言模型通过对大量文本信息进行训练,得到单个字或者词之间的相互关联的概率。传统语音识别流程如图4-4所示。

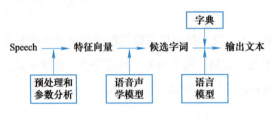

图4-4 传统语音识别流程

例:通过传统语音识别分析将语音"我是机器人"转换成文字。

语音识别流程描述:

1)语音信号:PCM文件(脉冲编码调制的音频文件,简单来说就是将声音或其他模拟信号变成符号化的脉冲列,并将此进行记录的文件)等。

2)特征提取:提取特征向量[1 2 3 4 46 0 …]。

3)声学模型:[1 2 3 4 46 0]→ wo shi ji qi ren。

4)字典:窝:wo;我:wo;是:shi;机:ji;器:qi;人:ren;级:ji;忍:ren。

5)语言模型:我:0.0786,是:0.0446,我是:0.0898,机器:0.0967,机器人:0.6784。

6)输出文字:我是机器人。

通过传统的语音识别流程输出的语句,可能因语音处理和语言处理之间没有约束,增加了计算量和误差,除此之外还具有因信息丢失而影响识别精度的缺点。

(2)现代语音识别原理

如今常用的语音识别技术主要包含特征提取、声学模型、语言模型以及字典与解码四大部分,如图4-5所示。此外为了更有效地提取特征往往还需要对所采集到的声音信号进行滤波、分帧等音频数据预处理工作,将需要分析的音频信号从原始信号中合适地提取出来;特征提取工作将声音信号从时域转换到频域,为声学模型提供合适的特征向量;声学模型中再根据声学特性计算每一个特征向量在声学特征上的得分;而语言模型则根据语言学相关的理论,计算该声音信号对应可能词组序列的概率；最后根据已有的字典，对词组序列进行解码，得到最后可能的文本表示。

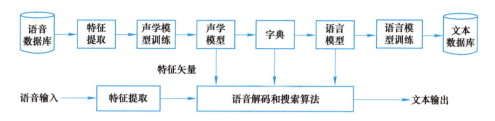

图4-5　连续语音识别图

在人工智能领域，如果想使用语音识别技术实现"语音转换成文字""让机器人根据自己的描述或某种语音去采取对应的行动"等功能，首先需要掌握语音识别技术的相关原理。语音识别处理步骤如下。

第一步：预处理。在语音识别之前，需要对首尾端的静音进行切除（使用信号处理技术），目的是减轻对识别过程造成的干扰。

第二步：声音分帧。在声音分析过程中，需要对声音进行分帧处理（通过移动窗函数实现），切分出的每一帧都是相互交叠的，如图4-6所示。每帧的长度为24ms，每两帧之间有24ms-10ms=14ms的交叠。

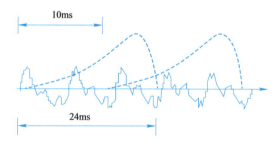

图4-6　分帧处理图

提示：移动窗函数：在信号处理中，窗函数是一种取值（除了在给定区间之外）均为0的实函数。

第三步：波形转换。声音分帧后，对每一帧通过变换变成一个多维向量，也可以理解是对每一帧进行声学特征提取。

第四步：矩阵转换成文字。主要流程为把帧识别成状态（一个语音单位），把状态组合成音素（构成单词的发音），把音素组合成单词，过程如图4-7所示。每一个小竖条代表一帧，N帧语音对应多个状态，三个状态就可以组成一个音素，N个音素就可以组成单词被识别出来，这样就实现了语音识别效果。

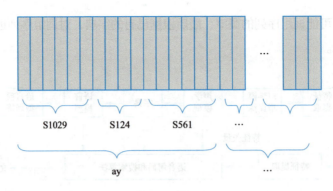

图4-7 音素图

使用语音识别某段文字（如"Hello，人工智能"）。首先需要输入识别的语音（说出"Hello，人工智能"或用音频软件录制的语音），之后进行音频信号处理，从音频信号中提取对识别有用的信息到声学模型中进行匹配，最终找出最大概率的发音文字。

5. HTTP

超文本传输协议（HyperText Transfer Protocol，HTTP）是互联网上应用最为广泛的一种网络协议。它是一个简单的请求—响应协议，指定了客户端可能发送给服务器什么样的消息以及得到什么样的响应。HTTP的工作原理如图4-8所示。

图4-8 HTTP的工作原理

客户端主要有两个功能：向服务器发送请求和接收服务器返回的报文并解释成相应的信息供人们阅读。常见的客户端主要有浏览器、应用程序（桌面应用和APP）等。

下面通过实例说明HTTP的工作原理。在百度浏览器地址栏中输入百度网址并按<Enter>键，浏览器会做如下的处理：

1）当人们在浏览器地址栏输入www.baidu.com的时候，浏览器发送一个Request请求给服务器，要求服务器返回www.baidu.com网站主页的HTML文件，接着服务器响应用户请求，把Response文件对象发回给浏览器。

2）浏览器分析Response中的HTML，发现其中引用了很多其他文件，如Images文件、Java Script文件等，浏览器会自动再次发送Request去获取网页中加载的图片文件、Java Script文件。

3）当网页中包含的所有文件都下载成功后，浏览器会根据HTML语法结构，完整地显示出网页。

上面提到服务器会接收客户端发送的请求报文，HTTP规范定义了9种请求方法，每种请求方法规定了客户和服务器之间不同的信息交换方式，常用的请求方法是GET和POST。GET是从服务器上获取数据，POST则是向服务器传送数据。

GET的请求参数都会显示在浏览器网址上，HTTP服务器根据该请求所包含URL中的参数来产生响应内容，即GET请求的参数是URL的一部分。

POST请求参数在请求体当中，消息长度没有限制而且以隐式的方式进行发送，通常用来向HTTP服务器提交量比较大的数据（比如，请求中包含许多参数或者文件上传操作等），请求的参数包含在"Content-Type"消息头里，指明该消息体的媒体类型和编码。

当收到GET或POST等方式发来的请求后，服务器就要对报文进行响应。响应有响应状态码，响应状态代码由三位数字组成，第一个数字定义了响应的类别，且有5种可能取值。具体表示如下。

1××：指示信息，表示发送的请求已被接收，并继续处理。

2××：成功，表示发送的请求已被成功接收、理解和接受。

3××：重定向，表示要完成请求必须进行更进一步的操作。

4××：客户端错误，表示请求有语法错误或请求无法实现。

5××：服务器错误，表示服务器未能实现合法的请求。

对常见状态代码和状态描述进行说明如下。

200 OK：表示客户端请求成功。

400 Bad Request：表示客户端请求有语法错误，服务器无法理解。

401 Unauthorized：表示请求未经授权。

403 Forbidden：表示服务器收到请求，但是拒绝提供服务。

404 Not Found：表示请求资源不存在，例如，输入了错误的URL。

500 Internal Server Error：表示服务器发生不可预期的错误。

503 Server Unavailable：表示服务器当前不能处理客户端的请求，一段时间后可能恢复正常。

6. 语音识别实现方法

语音识别实现的方法主要有两种：基于语音识别平台开放的接口和编译语音识别算法实现。

（1）调用API

腾讯云小微平台API使用简单、易操作，具备识别准确率高、接入便捷、性能稳定等特点。使用腾讯云小微语音识别API，可以应用于智能音箱、智能电视等方面，具体如图4-9所示。

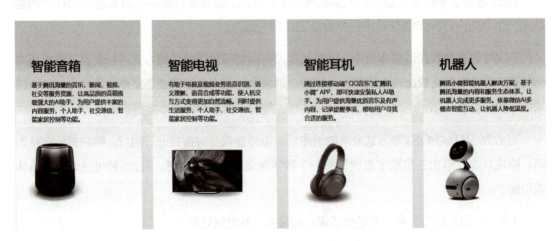

图4-9　腾讯云小微语音识别API应用

（2）Python编译

当腾讯云小微的API不能满足的自己需求时，可以基于Python语言建立训练模型，调节训练参数来提升专有词汇识别准确率。Python的依赖库中有一些现成的语音识别软件包，有google-cloud-speech、pocketsphinx、SpeechRcognition和watson-developer-cloud。其中SpeechRecognition无需构建访问麦克风和从头开始处理音频文件的脚本，只需花很少时间便可以自动完成音频输入并运行，所以方便使用。

7. 语音识别API使用

腾讯云小微语音识别接口可以将一段语音识别为文字，支持流式识别。用户将一长段音频切成多份，每次上传一份。offset为每段音频在整个音频中的偏移量。在使用过程中需要设置请求参数和响应数据。

（1）请求数据

在使用腾讯云小微的API时，会用到以下参数，见表4-2。

表4-2 请求参数

参数	描述	类型
format	音频格式：pcm/wav/amr/opus/mp3	string
sampleRate	采样率：8K/16K	string
channel	音频通道数：1/2	int
lang	语言类型，中文：zh-CN，英文：en-US	string
offset	语音片在语音流中的偏移	int
needPunc	是否加标点	bool
useCloudVad	是否使用云端VAD，由云端来停止语音，调用方不用发送 'finished'	bool
vadThreshold	云端VAD静音阈值，建议设置为500，单位为ms	int
transNum	是否开启文字转数字，如一二三 to 123	bool
finished	语音是否结束	boolean

（2）响应数据

在接入腾讯云小微的API时，语音识别出来的结果用文字返回，同时可以标注出来识别的起始时间、结束时间和其他时间点，具体响应的数据的描述见表4-3。

表4-3 响应数据

数据	描述	类型
text	识别出来的文字	string
seg_id	分段id	string
seg_start_time	分段起始时间	int
seg_end_time	分段结束时间	int
start_time	词起始时间	int
end_time	词结束时间	int
stable_flag	词结果是否确定不变	bool
word	词结果	string
type	0：VAD起点 1：VAD尾点 2：utterance过长强制截断的尾点	int
time	时间点	float
is_final	分段是否结束	bool
confidence	置信度	float
finalResult	是否为最终结果，false（中间结果），true（最终识别结果）	bool

第一步：Appkey获取

通过https://kael.tvs.qq.com/my/apps进入功能界面，选择"语音处理"→"语音

扫码看视频

识别_ASR",单击"添加到商用计划"按钮,最后在"我的应用列表"可获取"Appkey"。

第二步:定义请求参数,代码如下。

扫码看视频

```
#导入所需要的包
import requests
import json
from requests_toolbelt import MultipartEncoder
filepath="D:/test.mp3" #需要更换为绝对路径
print("测试文件绝对路径: "+filepath)
print("识别模式: 一次性识别")
url = 'https://gwgray.tvs.qq.com/ai/asr'
headers = {
    # 'Appkey':'fbe6ed2041ea11eb8e83793e0d29e1dd',
    'Appkey':'fa344ca04d8611eb93763d03417560a2',
        'Content-Type':'multipart/form-data;boundary=----WebKitFormBoundary7MA4YWxkTrZu0gW'
    }
payload = json.dumps({ #json.dumps() 是把Python对象转换成JSON对象的一个过程,生成的是字符串
  "header":{
  },
  "payload":{
    "audioMeta": {
      "format": "mp3",# 音频格式: pcm/wav/amr/opus/mp3
      "sampleRate": "8K", # 采样率: 8K/16K
      "channel": 1,# 音频通道数: 1/2
      "lang": "zh-CN"# 语言类型, 中文: zh-CN, 英文: en-US
    },
    "offset": 0,# 语音片在语音流中的偏移
    "needPunc": True, # 是否加标点
    "transNum": True,# 是否开启文字转数字, 如一二三 to 123
    "useCloudVad": True,# 是否使用云端vad, 由云端来停止语音, 调用方不用发送 'finished'
    "vadThreshold": 500,# 云端vad静音阈值, 建议设置500, 单位ms
    "finished":True  # 语音是否结束
  }
})
```

第三步:封装请求数据,代码如下。

```
data = MultipartEncoder(
    fields={
        "audio":('filename', open(filepath, 'rb'), 'audio/mp3'),
        "metadata":('metadata',payload, 'application/json; charset=utf8'),
        },boundary="----WebKitFormBoundary7MA4YWxkTrZu0gW"
)
```

第四步：发送请求，代码如下。

```
r = requests.post(url,data=data,headers=headers)
```

第五步：运行代码，效果如图4-10所示。

```
print("识别到的文字："+json.loads(r.text )["payload"]["text"])      # 将字符串转化为字典
```

```
===========
测试文件绝对路径：D:/QQ文件/语音识别/语音转文字/test.mp3
识别模式：一次性识别
识别到的文字：你好吗你好吗你好吗你好吗你好吗你好吗
>>>
```

图4-10　运行效果

任务2　实现pywin32模块语音识别

任务描述

语音识别可以通过多种方式来实现，在调用了腾讯云小微的API来实现语音识别后，本任务将使用Python语言结合pywin32模块来实现语音识别。本任务通过了解语音识别的相关模块，掌握创建语音识别类的方法和语音识别的输出类型，来实现语音的实时识别。

任务目标

通过本任务的学习，能够安装并导入pywin32模块，使用pywin32模块完成语音识别类的创建，了解输出三种语音识别类型的方法，实现对语音进行识别。

任务分析

使用Python实现实时语音识别的思路如下：

第一步：安装并导入pywin32模块。

第二步：打开pywin32.exe文件，设置微软实时软件包。

第三步：结合pywin32模块，创建语音识别类和文本输出类。

第四步：使用"if"语句，内嵌"while"循环处理实时结果。

知识准备

1. 语音识别模块介绍

（1）pywin32模块

pywin是一个优秀的Python集成开发环境，在许多方面都比IDE优秀。可以用Python调用win32com接口，选择对应版本下载（区分32位/64位），直接双击运行即可。在使用Python编写一些常用脚本程序时，成熟模块的使用可以大大提高编程效率。不过，Python模块虽多，也不可能满足开发者的所有需求。而且模块为了便于使用，通常都封装过度，有些功能无法灵活使用，必须直接调用Windows API来实现。要完成这一目标，有两种办法，一种是使用C编写Python扩展模块；另一种是编写普通的DLL，通过Python的ctypes来调用，但是这样就牺牲了部分Python的快速开发、免编译特性。模块pywin32可以解决这个问题，它直接包装了几乎所有的Windows API，可以方便地从Python直接调用，该模块另一大主要功能是通过Python进行com编程。安装时可以直接使用pip执行"pip install pywin32"来安装它。环境界面如图4-11所示。

图4-11 环境界面

（2）pythoncom模块

pythoncom提供了使用Windows的com组件的能力，由使用的com组件决定具体做什么。例如，可以调用com组件弹出一个消息窗口。pythoncom模块不用单独安装，它会在pywin32模块安装好时自动安装pythoncom模块。

（3）os模块

os库提供通用的、基本的操作系统交互功能，os库是Python标准库，包含几百个函数，常用的有路径操作、进程管理、环境参数等。os模块中用的文件/目录函数使用方法见表4-4。

表4-4 常用的函数方法

函数名	描述
os.getcwd()	获取Python安装目录
os.listdir('C:\\')	列举当前C盘目录下所有的文件
os.rmdir()	删除单层目录，但是要确保目录下没有文件，否则会报错
os.remove()	删除指定路径的文件
os.system('cmd')	打开cmd
remove(old,new)	把文件old重命名为new

2. 语音识别类的创建

在Python中实现语音识别，创建语音识别类对象。在类中定义成员方法，使用"__init__()"构造函数，结合pythonwin32的多种方法调用来完成类的创建。在"__init__()"构造函数中定义"self"和"wordsToAdd"两个参数，参数"self"设置类的各种属性，参数"wordsToAdd"则是定义的一个列表。

构建语音识别类的思路如下：

1）"win32com.client.Dispatch"调用pythonwin32的"SAPI.SpVoice"和"SAPI.SpSharedRecognizer"方法连接语音识别接口。

2）调用微软识别引擎并创建文本的语法实例。

3）使用"InitialState"设置语法规则初始状态，并使用"AddWordTransition"和for循环遍历wordsToAdd。

4）通过"CmdSetRuleState"方法指定关键字影响规则状态，定义事件程序处理文本。

3. 语音识别输出类型

（1）输出向量

在使用Python识别语音输出的时候，可以将本地音频转换成向量输出。输出向量需要先加载"wave"音频模块和"numpy"数组模块，再从本地读取音频数据。输出向量的流程如图4-12所示。

图4-12 输出向量流程图

（2）输出波形图

音频数据输出波形图是在输出向量的基础上完成的，可以利用matplotlib模块根据向量数据绘制波形图。而绘图常常用到的是matplotlib模块的子模块pyplot模块，输入"import matplotlib.pyplot as plt"导入pyplot模块后，就可以使用pyplot模块提供的方法绘制波形图。pyplot模块方法见表4-5。

表4-5 pyplot模块方法

函数名	描述
plt.figure()	定义一个图像窗口
plt.subplot()	绘制子图
plt.plot()	画出（x,y）曲线
plt.xlabel()	横坐标标签
plt.title()	设置窗口标题
plt.show()	显示图像窗口

波形图可以清晰地看到音频数据随时间的变化情况，通过对音频波形图的分析，可以帮助人们更快地找到音频信号部分，有着相当大的实际意义。图4-13即为绘制的音频波形图实例。

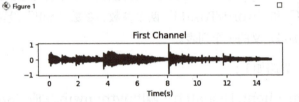

图4-13 音频波形图实例

（3）输出文字

可以创建一个派生自"getevents（SAPI.SpSharedRecoContext）"事件的类对象，通过调用"GetText()"成员方法得到pythonwin.exe程序来识别实时语音，以此来实现将识别结果输出为文字。调用pythonwin.exe程序进行语音识别的界面如图4-14所示。

图4-14 调用pythonwin.exe程序进行语音识别

任务实施

第一步：安装模块并导入。

输入"pip install pypiwin32"安装pywin32模块,如果缺少"pythoncom"模块,使用类似代码进行安装。安装完成后导入,代码如下。

```
from win32com.client import constants
import win32com.client
import pythoncom
```

第二步:设置Pythonwin.exe文件。

进入实验环境中的pythonwin文件夹,打开"Pythonwin.exe"文件,执行"Tools"→"COM Makepy utility"命令,打开实用程序工具,如图4-15所示。

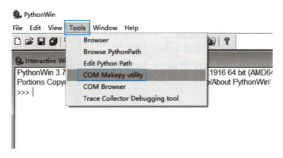

图4-15 打开工具

第三步:实现自动朗读。

选中"Microsoft Speech ObjectLibrary(5.4)",单击"OK"按钮,使用微软语音包实现自动朗读功能,如图4-16所示。

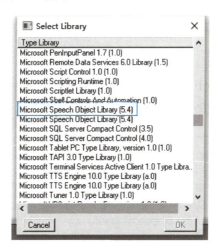

图4-16 选择语音包

第四步:使用SAPI,代码如下。

```
Spr_activation = win32com.client.Dispatch("SAPI.SPVOICE")
```

第五步：创建语音识别类。

根据语音识别类的创建思路进行构造，代码如下。

```python
class Speech_Initialization: #初始化语音识别
    def __init__(self, words_list):
        self.speecher = win32com.client.Dispatch("SAPI.SpVoice")
        self.lier = win32com.client.Dispatch("SAPI.SpSharedRecognizer")
        #用于语音识别–首先创建侦听器
        self.C_text = self.lier.CreateRecoContext()
        #识别上下文（语境）
        self.grammar = self.C_text.CreateGrammar()
        #有关联的语法
        # 不允许自由词识别 – 仅命令和控制  只识别语法中的单词
        self.grammar.DictationSetState(0)
        #为语法创建一个新规则，即顶层（所以它开始了识别）和动态（即可以在运行时更改）
        self.language_Rule = self.grammar.Rules.Add("language_Rule", constants.SRATopLevel + constants.SRADynamic, 0)
        self.language_Rule.Clear()
        #清除规则
        [self.language_Rule.InitialState.AddWordTransition(None, words) for words in words_list]
        #一个单词或单词序列添加到语法中；InitialState属性指定语音语法规则的初始状态。
        self.grammar.Rules.Commit()
        self.grammar.CmdSetRuleState("language_Rule", 1)
        #CmdSetRuleState方法通过名称language_Rule来激活或停用规则
        self.event = text_Events(self.C_text)#处理self.C_text的事件的程序
        #self.talk("Started successfully")
    def talk(self, phrase):
        self.speecher.Speak(phrase)
```

第六步：创建输出文本类。

创建基于"win32com.client.getevents("SAPI.SpSharedRecoContext")"的类，使用"newResult.PhraseInfo.GetText()"获取实时结果，代码如下。

```python
#ISpeechRecoContext（事件）自动化接口定义了一个能够接收识别文本的事件类型
class text_Events(win32com.client.getevents("SAPI.SpSharedRecoContext")):
    #ISpeechRecoContext（事件）自动化接口定义了一个能够接收识别文本的事件类型
    def OnRecognition(self, StreamNumber, StreamPosition, RecognitionType, Result):
        last_Rsu = win32com.client.Dispatch(Result)
        print("你说的是: ", last_Rsu.PhraseInfo.GetText())
        last_Rsu.PhraseInfo.GetText()
        # 下面即为语音识别信息对应
```

第七步：创建"wordsToAdd"列表。

使用"if"语句和"while"循环处理实时结果，代码如下。

```
if __name__ == '__main__':
    Spr_activation.Speak("语音识别已打开")
    words_list = ["我是云小微",
                  "你好",
                  "国庆快乐",
                  "新年快乐",
                  "好朋友",
                  "语音识别",
                  "再见"
                  ]
    Say_Recognition = Speech_Initialization(words_list)
    while True:
        pythoncom.PumpWaitingMessages()
        #处理消息并在没有更多消息可处理时立即返回
```

运行效果如图4-17所示。

图4-17　运行效果

单元小结

语音识别技术是实现人机对话的重要环节之一。由于语音识别技术突飞猛进发展，语音识别在移动终端、智能硬件设备上的应用越来越成熟，逐渐满足人们日益增长的生活需要。通过本单元对语音识别技术的学习，读者了解了什么是语音识别、语音识别现阶段的发展状况、语音识别的分类、基本原理及其应用，了解了HTTP原理并掌握了实现语音识别的两种方法，通过使用Python实现语音识别的学习，熟练使用相关的模块和输出三种语音识别类型的方法，具备了自己使用Python实现语音识别的能力。

单元评价

通过学习以上任务，看看自己是否掌握了以下技能，在技能检测表中标出已掌握的技能。

人机对话智能系统开发（初级）

评价标准	个人评价	小组评价	教师评价
什么是语音识别			
语音识别是怎么分类的			
语音识别的基本原理			
语音识别有哪些应用			
什么是HTTP			
语音识别实现的两种方法			
Python中用到的语音识别模块			
语音识别输出的类型			

备注：A为能做到；B为基本能做到；C为部分能做到；D为基本做不到。

课后习题

一、选择题（单选）

1. 语音识别的基本流程包括以下哪几个步骤，其正确的顺序是（　　）。

   ①特征提取　②声学模型　③语言模型　④字典

   A. ①④③②　　　B. ①②④③　　　C. ④①③②　　　D. ②③①④

2. 下列几项生活中的应用哪项属于语音识别的应用范畴？（　　）

   ①智能玩具　②语音输入法　③语音导航

   A. ①③　　　B. ①②　　　C. ②③　　　D. ①②③

二、简答题

1. 谈一谈语音识别的分类。

2. 将声音信号从时域转换到频域，为声学模型提供合适的特征向量这一过程叫什么？

3. 说明一下什么是语言模型及其作用。

4. 服务器会接收到客户端发送的一个请求报文，HTTP的请求主要有两个方法GET和POST。当收到GET或POST等方法发来的请求后，服务器就要对报文进行响应。当响应码状态码是1××时、3××时是什么意思？你还遇到过的状态码是多少？

三、实践操作

试着用Python中的os模块，写出几个函数。

四、知识拓展

谈一谈语音识别技术给你的生活和学习带来了哪些影响。

UNIT 5

单元 ❺
人机对话系统语义识别实战

学习目标

⇨ 知识目标

- 了解语义识别的定义和背景。
- 熟悉语义识别分类和分析方法。
- 了解语义识别应用的场景。
- 了解语义识别接口。
- 了解TF-IDF的起源。
- 理解TF-IDF的定义和原理
- 理解Sklearn的定义。

⇨ 技能目标

- 掌握语义识别的应用。
- 调用腾讯云小微接口进行语义识别。
- 使用Python实现语义识别。

任务1　实现腾讯云小微API语义识别

任务描述

通过学习语音识别，可知语音识别是解决计算机"听得见"的问题，那么就可以把语义识别理解为解决"听得懂"的问题。本任务主要学习语义识别的概念、分析方法以及调用腾讯云小微的接口进行语义识别。

任务目标

通过本任务了解语义识别的含义、分类，熟悉语义识别分析方法，以及它在生活中的应用和实现方法，掌握调用API进行简单的语义识别技术。

任务分析

实施语义合成的思路如下：

第一步：导入所需库，并根据开放平台提供的appkey/accessToken，填入自己的appkey。

第二步：拼接请求数据和时间戳。

第三步：获取Signature签名。

第四步：组装Authorization，在HTTP请求头中带上签名信息。

第五步：发送请求。

第六步：运行程序后，返回语义识别结果，同时可以获得歌单等信息。

知识准备

1．语义识别概述

语义识别是人工智能的重要分支，主要通过各种方法手段，学习和理解一段语音或文本要表达的语义内容，换句话说语义识别是对语言的理解。

语义识别是自然语言处理（Natural Language Processing，NLP）的核心内容，通过识别语言任务，可以促进自然语言的处理，从而使人工智能的深度学习在图音结合、语音识别、自动驾驶等多个领域的研究有进一步发展。典型的自然语言处理的过程如图5-1所示。

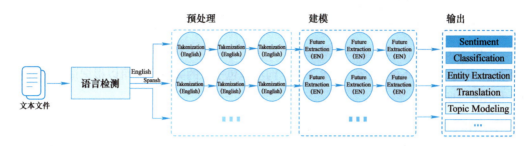

图5-1 典型自然语言处理过程

语义识别除了要理解文本本身的含义，还需要了解该文本或词语在整个段落或章节情境中整体代表的含义，换句话说语义识别不仅要做到在技术（文本、语法、词法、段落等）层次方面进行理解，还需要把这些对应的内容进行总结并重组，从而达到识别自身的目的。

2. 语义识别的级别

语义识别是通过语义分析理解和学习一段文本要表达的含义，根据理解对象的单位不同，可以分为词语级语义分析、句子级语义分析和篇章级语义分析。其中词语级语义分析和篇章级语义分析是研究并理解自然语言文本的内在结构和文本单元，词语级语义分析主要用来获取和区分单词的含义，句子级语义分析的目的是分析整个句子要表达的含义之间的语义关系。

（1）词语级

词语级语义分析主要是分析某个词语的含义或者是理解某个词语，实现词语级语义分析，主要从词义消歧和词义表示两方面进行。

1）词义消歧。词义消歧是自然语言处理研究的主要内容，是计算机根据上下文的环境确定词语的含义。使用语义消歧必经的步骤是在词典中描述词语的含义和在语料中进行词义自动消歧。可以同时利用两个句子中与歧义词物理距离最近的上下文背景词语"程序""大赛""算法"和"能力"推导歧义词"设计"的词义。这种知识扩充方法相比传统的词义消歧方法，减少了噪声的引入。词义消歧的过程如图5-2所示。

使用词义消歧找到适合语句的含义，需要对词典进行构建，除此之外还需要对上下文进行建模。如果词义消歧没有处理好，会直接影响信息检索、文本分类、语义识别和机器翻译等功能的实现。

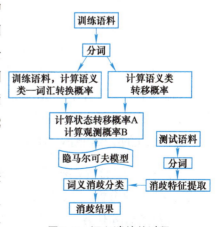

图5-2 词义消歧的过程

2）词义表示和学习。词义是一个词的本义、引申义和比喻义，其中本义是词的最初含义，根据词本身的含义反映的事物及现象引申出的含义为引申义。词义最初的表示为同义词在网络中出现的位置到网络根节点之间的路径信息，神经网络分析词义通常使用one-hot（表示一个很长的向量，有一个维度值为1，其他元素基本为0，这个维度就代表当前的词）方法。one-hot方法存在一定的局限性，不能从两个向量中看出词之间的关系，词之间的关系都是孤立的，比如不能分析"天津"和"狗不理包子"的关系。还可以根据词性去进行标注，如图5-3所示。

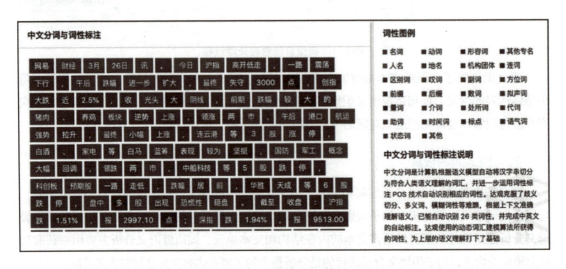

图5-3　词性标注的结果

（2）句子级

句子级语义分析是根据语法和语义结构等信息，推测出能够反映这段句子的某种关系。比如主谓关系、核心关系等，句子级语义分析可以根据分析的深浅进行划分，分为浅层语义分析和深层语义分析。

1）浅层语义分析。浅层语义分析是近几年计算机语义学在方法学上的重大突破。其中语义角色标注（Semantic Role Labeling，SRL）是在关联理论的推动下提出的共享任务，其主要目的是通过语料库技术与机器学习方法相结合，开发识别动词的框架，包括核心语义角色（如施事者、受事者等）和附属语义角色（如地点、时间、方式、原因等）。使用语义角色标注实现句法的分析步骤是先获得句法的分析结果，之后根据该句法分析最终实现语义角色标注，具体标注的结果如图5-4所示。

2）深层语义分析。深层语义分析也称语义分析，一般情况下是对句子实施浅层分析之后再进行深层语义分析，深层分析主要是将整个句子转化成某种形式表示出来。使用深层语义分析要完成两个基本任务，第一是将浅层语义分析后的句子的语义表达式和结构进行规范化，第二是将规范化后的结果转化为事实和结论，具体的功能模块如图5-5所示。

Input Sequence	小明	昨天	晚上	在	公园	遇到	了	小红	。
Chunk	B-NP	B-NP	I-NP	B-PP	B-NP	B-VP		B-NP	
Label Sequence	B-Agent	B-Time	I-Time	O	B-Location	B-Predicate	O	B-Patient	O
Role	Agent	Time	Time		Location	Predicate	O	Patient	

图5-4 语义角色标注

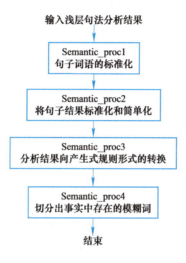

图5-5 功能模块图

（3）篇章级

篇章可以理解为"文章"，是指由词和句子以复杂的关系构成的语言整体单位，篇章级语义分析是在篇章的基础上，分析其中的层次结构和语义关系，从而更好地理解原文原义。篇章语义分析主要是分析跨句的词汇之间、句子和句子之间、段落和段落之间的语言关联。此项分析比词语级语义分析和句子级语义分析更深、更广，从而达到更深层的理解。

3. 语义识别的发展要素

自然语言处理最主要的两项技术是语音识别和语义识别，在实际应用过程中，语音和语义是相互嵌套、相互作用的。语音和语义是人工智能最主要的技术之一，语音识别和语义识别能够迅速发展离不开以下三个因素。

（1）政策支持

政策支持是语义识别的强大动力，在国家和各城市的政策推动下，来自国家型自然科学基金、产业基金、地方政府的强大支持，人工智能相关实验室、大数据实验室、科技产业园区的落地，为后续人工智能的发展奠定基础，为人工智能自动驾驶、语音识别、语义识别、计算机视觉等应用开发创建有利的条件和设备基础。

（2）技术支持

技术的不断发展是语义识别发展的核心，正因为技术不断地提升，采集数据和分析数据才能越来越简单，还产生了一系列的算法模型，除此之外还出现了实现语音识别技术对应的API文档，促使语音识别领域越来越简单易学。

1）数据量。经过行业信息化、大数据、云计算、互联网、社交网络的不断发展，很多地方和企业积累了海量数据，运用这些数据，通过深度神经网络算法模型对数据进行精确、复杂的建模，可以实现语音、语义识别效果。当数据量不足时，可以使用自然语言处理进行浅层模型分析，提高准确率。

2）算法模型。NLP语言处理系统在语义分析中起着至关重要的作用，密集向量表征的神经网络随着大型语料库的建设和语料库语言学的崛起在NLP任务上取得了优秀的成果。

至今为止，处理自然语言最好的方式是使用深度学习算法模型，该模型可以解决数据稀疏、语义鸿沟、词面不匹配等问题。

（3）资本支持

随着自然语言处理的应用场景日益广泛，诞生出来的经济价值是语义识别发展的助推剂。研究数据表明，2017—2024年，智能语音交互将会风靡全球市场，每年的增长率将高达35%。另一方面国内也加强了对自然语言的投资，根据精准数据统计，截止到2017年，自然语言处理已融资总额累计超54亿元。自然语言处理领域项目融资趋势如图5-6所示，其中从2015年开始每年融资总额在10亿元以上，在2017年投资达到了18亿~19亿之多。

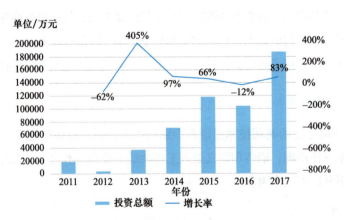

图5-6　自然语言处理领域项目融资趋势

4．语义识别的应用领域

语义分析相对语音识别来说应用更加广泛，涉及产品和应用场景，涵盖了金融行业、政府行业、客服行业等多个领域。语义识别的应用领域如图5-7所示。

应用	行业应用	医疗 金融	教育 法律	新闻 商业智能	文献 翻译
	智能交互	可穿戴设备 语音问答	车载语音 事实问答	智能家居 知识检索	机器人 分类问答
NLP技术	词法	分词	命名实体识别	光学字符识别	词性标注
	语法	语法解析	词形还原	共指消解	语义角色标注
	句法	句法分析	文本分类	信息抽取	篇章分析
	自然语言生成	文本规划	语句规划	实现	
底层数据	词典	知识库	统计的数据	外部世界常识性知识	
学科支撑	声/韵学 计算机科学	音位学 心理学	形态学 逻辑学	词汇学 统计学	语义、语用学 哲学

图5-7 语义识别的应用领域

（1）金融分析行业

随着语义分析的不断发展，机器能够很大程度上理解人的语言逻辑，给处于服务价值链高端的金融行业带来深刻的影响。人工智能在语义识别方面的发展，对金融产品、服务方式、服务渠道及投资决策等带来重要影响。例如，鼎福科技针对基金业研究人员、分析师等研究出来的证券研报大数据云服务系统包含一系列智能化的功能，如SaaS服务、提供公告、研报的全网采集和事件结构化分析等，具体如图5-8所示。

除此之外，证券公司还对人工智能语音语义、计算机视觉等方向进行研究和试验，主要分为6大方向，如图5-9所示。

图5-8 金融行业应用

图5-9 证券公司研究方向

（2）互联网政务行业

智慧传播云服务是由鼎福科技和腾讯网共同合作推出的针对政府机构、企事业单位提供互联网信息监测、预警的应用。该应用具有垃圾过滤核心、自动去重等功能，采用语义识别技术进行系统分析和挖掘，还可根据客户的需求定制不同的功能，如舆情监控、统计表和预警定制等。舆情监控的应用如图5-10所示。

图5-10　舆情分析可视化

（3）智能客服行业

客服是劳动比较密集的行业，对于每个公司来说，雇佣大量的客服人员会浪费很大的成本。为了解决该问题，神州泰岳公司推出了一款智能客服机器人，该机器人的出现可以解决简单的、重复性的工作。

5．语义识别实现方法

有两种实现语义识别的方法：调用API使用成熟的语义识别工具和使用Python进行算法编译。

（1）调用API

调用接口是快速实现语义识别的方法，例如，调用腾讯云小微的接口进行语义识别，首先获取开放平台提供的APP KEY，拼接请求数据和时间戳，然后获取签名并进行组装，发送请求，最后运行程序并查看结果。只需要简单的几步就能实现语义识别，这对初学者来说是非常友好而且富有成效的一件事。可以让初学者体会到语义识别的强大。腾讯云小微的官网如图5-11所示。

（2）Python编译

除了通过调用API的方式去实现语义识别，还可以通过Python搭建项目并编写代码去实现。在Python中可以使用的语义识别库有很多，常见的有NLTK、gensim、支持中文、英文、阿拉伯语、法语、德语、西班牙语等多种语言的Stanford NLP等。它们都在Python的包管理工具中，在Python中使用这些库时，都需要先使用pip命令进行下载。

图5-11　腾讯云小微的官网

6．语义识别API使用

腾讯云小微的语义识别目前支持音乐、百科、闲聊、股票、FM、天气、股票、闹钟的语义的解析。在使用接口时，最常见的错误就是参数使用不正确，因此掌握每个参数的含义是非常重要的。下面是对请求数据和响应数据的介绍。

（1）请求数据

在使用腾讯云小微的API时，需要去传入一些参数，这当中有一些是必须要传入的，如用户ID、accesstoken、payload等参数。还有一些选填的参数，就是不填也不影响API的调用，如语义信息、领域信息、意图信息、附加语义信息和语义命令字等。具体参数见表5-1。

表5-1　语义识别API调用时的参数

参数	描述	类型
header	请求头	–
header.guid	设备唯一标志码	string
header.qua	设备及应用信息	string
header.user	用户信息	–
header.user.user_id	用户ID	string
header.user.account	用户账户信息	object
header.user.account.id	用户账户ID，填openid	string
header.user.account.token	用户账户accesstoken	string

（续）

参数	描述	类型
header.user.account.type	用户账户类型，支持WX/QQOPEN	string
header.user.account.appid	用户账户的appid	string
header.lbs	用户位置信息	–
header.lbs.longitude	经度	double
header.lbs.latitude	纬度	double
header.ip	终端IP	string
header.device	设备	–
header.device.network	网络类型：4G/3G/2G/Wi-Fi	string
header.device.serial_num	设备唯一序列号	string
payload	请求内容	–
payload.query	用户query	string
payload.request_type	请求类型：SEMANTIC_SERVICE：默认，返回语义、服务结果 SEMANTIC_ONLY：只需要语义结果 SERVICE_ONLY：只需要服务结果，需带上session_id	string
payload.semantic	语义信息，若带上，则请求不经过NLP	–
payload.semantic.domain	领域信息	string
payload.semantic.intent	意图信息	string
payload.semantic_extra	附加语义信息	–
payload.semantic_extra.cmd	语义命令字	string
payload.extra_data	额外数据信息	–
payload.extra_data{type}	额外数据类型： IMAGE：图片 AUDIO：语音 VIDEO：视频	–
payload.extra_data{data_base64}	额外数据Base64编码	string

（2）响应数据

在接入腾讯云小微的API时，语义识别出来的结果可以显示最主要的语义信息，也可以显示出来语义涉及的领域、意图、会话信息和领域数据等，具体响应的数据见表5-2。

表5-2 语义识别API的响应数据

参数	描述	类型
header	消息头	–
header.semantic	语义信息	–
header.semantic.code	语义错误码（0，正常；非0，异常）	string
header.semantic.msg	语义错误消息	string
header.semantic.domain	领域	string
header.semantic.intent	意图	string

（续）

参数	描述	类型
header.semantic.session_complete	会话是否结束	bool
header.session	会话	–
header.session.session_id	会话ID	string
payload	消息体	–
payload.response_text	显示正文内容	string
payload.data	领域数据	–
payload.data.json_template	领域模板JSON数据，数据格式详见"腾讯叮当模板文档"	–

第一步：导入所需库，并根据开放平台提供的appkey/accessToken填入自己的appkey，代码如下。

```
# –*– coding: UTF–8 –*–
import datetime, hashlib, hmac
import requests  # Command to install: `pip install request`
import json, time
# 开放平台提供的appkey/accessToken，请填入自己的appkey
appkey = "3a5fd86050b311eb824a27307f107a44";
accessToken = b"fb766003b1784c3aa56a3dc8ab1ab57a";
```

扫码看视频

第二步：拼接请求数据和时间戳，代码如下。

```
## 获取请求数据(也就是HTTP请求的Body)
postData = ''' 
{
    "header":
    {
        "device": {
            "serial_num":"myserial"
        }, "qua":"QV=3&PL=ADR&PR=chvoice&VE=7.6&VN=3350&PP=com.tencent.mtt&DE=TV",
        "lbs":
        {
            "latitude":30.5434,
            "longitude":104.068
        }
    },
```

扫码看视频

```
        "payload":
        {
             "query": "我想听周杰伦的歌曲"
        }
}
'''
jsonReq = json.loads(postData);
## 这里修改query
jsonReq["payload"]["query"] = "我想听周杰伦的歌曲";
## 使用requests.session保持长连接
session = requests.session()
## 获得ISO8601时间戳
credentialDate = datetime.datetime.utcnow().strftime('%Y%m%dT%H%M%SZ')
## 拼接数据
signingContent = json.dumps(jsonReq) + credentialDate
```

第三步：获取Signature签名，代码如下。

```
signature=hmac.new(accessToken,signingContent.encode('utf-8'),hashlib.sha256).hexdigest()
```

第四步：组装Authorization，在HTTP请求头中带上签名信息，代码如下。

```
authorizationHeader = 'TVS-HMAC-SHA256-BASIC' + ' ' + 'CredentialKey=' + appkey + ', ' + 'Datetime=' + credentialDate + ', ' + 'Signature=' + signature
headers={'Content-Type': 'application/json; charset=UTF-8', 'Authorization': authorizationHeader}
```

第五步：发送请求，代码如下。

```
requestUrl = 'https://aiwx.html5.qq.com/api/v1/richanswer'
print('Begin request...')
print('Request Url = ' + requestUrl)
session.headers.update(headers)
print('Request Headers =' + str(session.headers))
print('Request Body =' + json.dumps(jsonReq))
reqTime = time.time();
r = session.post(requestUrl, data=json.dumps(jsonReq).encode('utf-8'))
respTime = time.time();
print('Response...')
print("HTTP Status Code:%d" % r.status_code, "cost:%f(ms)" % ((respTime - reqTime) * 1000));
print(r.text)
```

第六步：运行程序，可以看到程序能返回语义识别后的结果，即画框处语句。同时能看到歌单等信息，如图5-12和图5-13所示。

图5-12　运行效果1

图5-13　运行效果2

任务2　实现TF-IDF语义识别

任务描述

通过任务1的学习已经知道了什么是语义识别，并调用了腾讯云小微的接口进行了简单的语义识别。本任务主要了解TF-IDF的概念、原理以及使用Python进行语义识别。

任务目标

通过本任务了解TF-IDF的定义、原理以及Sklearn的相关知识，掌握使用Python进行简单语义识别的技术。

任务分析

实现TF-IDF计算的思路如下：

第一步：导入 Sklearn中的 TfidfVectorizer 模块和numpy、scipy数据库。

第二步：对相关变量进行定义。

第三步：将字中间加入空格。

第四步：转化为TF矩阵。

第五步：计算TF系数。

第六步：输入s1和s2的内容，运行程序，最后输出TF系数。

知识准备

1. TF-IDF的起源

把查询关键字（Query）和文档（Document）都转换成"向量"，并且尝试用线性代数等数学工具来解决信息检索问题，这样的努力至少可以追溯到20世纪70年代。

1971年，美国康奈尔大学教授杰拉德·索尔顿发表了《SMART检索系统：自动文档处理实验》一文，文中首次提到了把查询关键字和文档都转换成"向量"，并且给这些向量中的元素赋予不同的值。

1972年，英国的计算机科学家卡伦·琼斯在《从统计的观点看词的特殊性及其在文档检索中的应用》一文中第一次详细地阐述了IDF的应用。其后卡伦又在《检索目录中的词赋值权重》一文中对TF和IDF的结合进行了论述。可以说，卡伦是第一位从理论上对TF-IDF进行完整论证的计算机科学家，因此后世也有很多人把TF-IDF的发明归结于卡伦。

2. TF-IDF概述

TF-IDF（Term Frequency-Inverse Document Frequency）是文本挖掘领域的基本技术之一，主要用来评估一个词语在一份语料库中对于其中一份文件的重要程度。词语的重要性会随着它在该文件中出现的次数而增加，但是也会同时随着它在语料库中其他文件出现的次数而减少，如图5-14所示。比如，一个比较常用的运算就是计算查询关键字所对应的向量和文档所对应的向量之间的"相关度"，如图5-15所示。

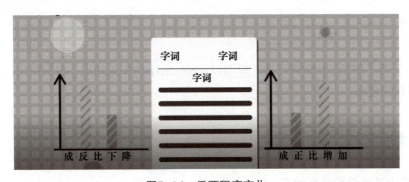

图5-14 重要程度变化

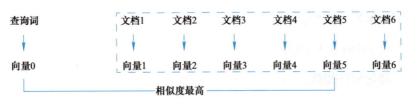

图5-15 TF-IDF的简单解释

TF-IDF其实是由TF和IDF两部分组成，如图5-16所示。

图5-16　TF-IDF的构成

TF表示"单词频率"，是指查询关键字时某一个单词在目标文档中出现的次数。例如，要查询"Car Insurance"，那么对于每一个文档，都要计算"Car"这个单词在其中出现了多少次，"Insurance"这个单词在其中出现了多少次。这个就是TF的计算方法。

经过一段时间的使用后，信息检索工作者很快就发现，仅有TF不能比较完整地描述文档的相关度。因为语言的因素，有一些单词可能会比较自然地在很多文档中反复出现，比如英语中的"The""An""But"等。这些词大多起到了连接语句的作用，是保持语言连贯不可或缺的部分。然而，如果要搜索"How to Build A Car"这个关键词，其中的"How""To"以及"A"都极可能在绝大多数的文档中出现，这个时候TF就无法区分文档的相关度了。

IDF表示"逆文档频率"，它的思路其实很简单，就是需要去"惩罚"那些出现在太多文档中的单词。

真正携带"相关"信息的单词仅出现在相对比较少、有时候可能是极少数的文档里。这个信息很容易用"文档频率"来计算，也就是有多少文档涵盖了这个单词。很明显，如果有太多文档都涵盖了某个单词，这个单词也就越不重要，或者说这个单词就越没有信息量。因此需要对TF的值进行修正，而IDF的想法是用DF的倒数来进行修正。倒数的应用正好表达了这样的思想，DF值越大越不重要。

3．TF-IDF的原理

TF-IDF的主要思想是：如果某个词或短语在一篇文章中出现的频率高，并且在其他文章中很少出现，则认为此词或者短语具有很好的类别区分能力，适合用于分类。

TF-IDF实际上是TF*IDF。如果某一类文档C中包含词条t的文档数为m，而其他类包含t的文档总数为k，显然所有包含t的文档数n=m+k，当m大的时候，n也大，按照IDF公式得到的IDF的值会小，就说明该词条t的类别区分能力不强。但是实际上，如果一个词条在一个类的文档中频繁出现，则说明该词条能够很好地代表这个类的文本的特征，这样的词条应该被赋予较高的权重，并选作该类文本的特征词以区别于其他类文档。

4．Sklearn概述

Sklearn是一个由Python第三方提供的非常强力的机器学习库，它包含了从数据预处理到训练模型的各个方面。在实战使用scikit-learn中可以极大地节省编写代码的时间以及减少代码量，使用户有更多的精力去分析数据分布、调整模型和修改超参。

Sklearn提供了多种人工智能相关方法，可以归为估计器（Estimator）和转化器（Transformer）两类。

估计器（Estimator）其实就是模型，它用于对数据的预测或回归。估计器的方法分类见表5-3。

表5-3　估计器的方法分类

方法	描述
fit（x,y）	传入数据和标签即可训练模型，训练的时间和参数设置、数据集大小以及数据本身的特点有关
score（x,y）	用于对模型的正确率进行评分（范围0~1）
predict（x）	用于对数据的预测，它接受输入并输出预测标签，输出的格式为numpy数组

转化器（Transformer）用于对数据的处理，如标准化、降维以及特征选择等，与估计器的使用方法类似。转化器的方法分类见表5-4。

表5-4　转化器的方法分类

方法	描述
fit（x,y）	该方法接受输入和标签，计算出数据变换的方式
transform（x）	根据已经计算出的变换方式，返回对输入数据x变换后的结果（不改变x）
fit_transform（x,y）	该方法在计算出数据变换方式之后对输入x就地转换

以上仅是简单地概括Sklearn的函数的一些特点。Sklearn大部分的函数的基本用法都如此。但是不同的估计器会有自己不同的属性，例如，随机森林会有Feature_importance来对衡量特征的重要性，而逻辑回归有coef_存放回归系数，intercept_则存放截距等。并且对于机器学习来说模型的好坏不仅取决于选择的是哪种模型，很大程度上与超参的设置有关。因此使用Sklearn的时候一定要看官方文档，以便对超参进行调整。

第一步：导入Sklearn中的TfidfVectorizer模块和numpy、scipy数据库（见图5-17），代码如下。

```
from sklearn.feature_extraction.text import TfidfVectorizer
import numpy as np
from scipy.linalg import norm
```

单元5 人机对话系统语义识别实战

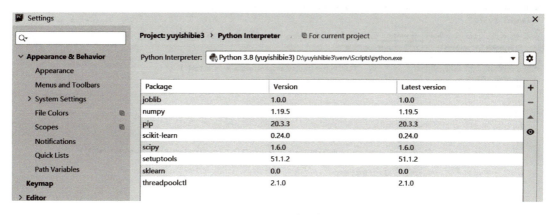

图5-17 导入模块和数据库

第二步：对相关变量进行定义，代码如下。

```
def tfidf_similarity(s1, s2):
    def add_space(s):
        return ' '.join(list(s))
```

第三步：将字中间加入空格，代码如下。

```
s1, s2 = add_space(s1), add_space(s2)
```

第四步：转化为TF矩阵，代码如下。

```
cv = TfidfVectorizer(tokenizer=lambda s: s.split())
corpus = [s1, s2]
vectors = cv.fit_transform(corpus).toarray()
```

第五步：计算TF系数代码如下。

```
return np.dot(vectors[0], vectors[1]) / (norm(vectors[0]) * norm(vectors[1]))
```

第六步：输入s1和s2的内容，代码如下。

```
s1 = '你在干嘛呢'
s2 = '你在干什么呢'
print(tfidf_similarity(s1, s2))
```

第七步：运行代码，效果如图5-18所示，通过图可知TF系数约为0.5803。

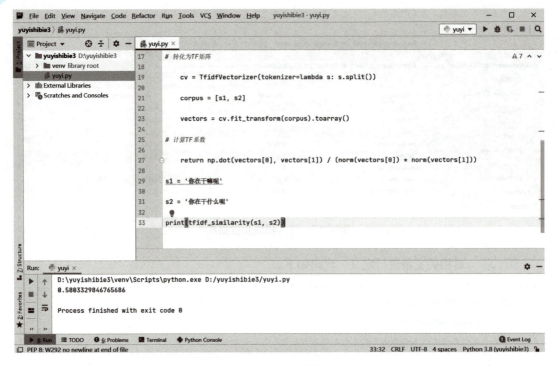

图5-18 运行结果

单元小结

语义识别是自然语言处理技术的重要组成部分之一，随着机器学习与大数据技术的发展，语音和语义识别在生活中的应用占据了大部分。通过本单元对语义识别系统的学习，读者了解了语义识别的概念和分类，熟悉了词语级、句子级和篇章级三种分析方法，以及在生活中的应用和实现方法，理解了TF-IDF的原理，掌握了实现语义识别的两种方法，并通过调用腾讯云小微语义识别接口和使用Python来实现语义识别具体的案例，具备了自己调用语义识别的接口和使用Python进行简单语义识别的能力。

单元评价

通过学习以上任务，看看自己是否掌握了以下技能，在技能检测表中标出已掌握的技能。

评价标准	自我评价	小组评价	教师评价
了解语义识别的定义和背景			
熟悉语义识别分类和分析方法			
了解语义识别应用的场景			
了解语义识别的接口知识			
了解TF-IDF的起源			
理解TF-IDF的定义和原理			
理解Sklearn的定义			
实现简单的调用API进行语义识别			
使用Python进行简单的语义识别			

备注：A为能做到；B为基本能做到；C为部分能做到；D为基本做不到。

课后习题

一、选择题（单选）

1. 语义分析技术不包括以下哪个？（　　）

    A．词语级语义分析　　　　　B．句子级语义分析

    C．概念级语义分析　　　　　D．篇章级语义分析

2. 作为TF-IDF的起源，谁被尊称为"信息检索之父"？（　　）

    A．查尔斯　　　　　　　　　B．杰拉德·索尔

    C．卡伦·琼斯　　　　　　　D．凯尔

二、选择题（多选）

1. 语义识别的发展要素包括以下哪些？（　　）

    A．政策支持　　B．环境支持　　C．技术支持　　D．资本支持

2. 语义识别可以分为哪三层？（　　）

    A．应用层　　　B．NLP技术层　　C．字典层　　D．底层数据层

3. TF-IDF是由哪两个部分组成？（　　）

    A．TF　　　　　B．ID　　　　　C．TF-IDF　　　D．IDF

4．Sklearn提供了多种人工智能相关方法，方法可以归为哪两类？（　　）

　　A．计数器　　　　B．估计器　　　　C．调节器　　　　D．转化器

三、简答题

1．语义识别根据理解对象的单位不同，可以分为哪几个级别？

2．说明语义识别在处理自然语言时的过程。

3．谈一谈语义识别在处理自然语言时，是如何消除词义消歧的。

4．说明语义识别的浅层语义分析和深层语义分析的联系和区别。

5．谈一谈语义识别的技术给生活中带来了哪些影响。

6．简述TF、IDF和TF-IDF的含义和关系。

UNIT 6

单元 ❻
人机对话系统语音合成实战

学习目标

⇨知识目标

- 了解语音合成的定义与发展现状。
- 理解语音合成系统的框架。
- 理解语音合成波形拼接法和参数合成法。
- 掌握腾讯云小微语音合成接口的调用。
- 了解Python图形化界面库。
- 掌握Windows内置语音合成引擎。

⇨技能目标

- 掌握语音合成的应用。
- 能够通过调用腾讯云小微语音合成接口实现语音合成。
- 能够利用Windows内置语音合成引擎实现语音合成。

任务1 实现腾讯云小微API语音合成

任务描述

语音合成又称文语转换（Text to Speech）技术，能将任意文字信息实时转化为标准流畅的语音朗读出来，相当于给机器装上了人工嘴巴。而通过计算机语音合成则可以在任何时候将任意文本转换成具有高自然度的语音，从而真正实现让机器"像人一样开口说话"。本任务旨在了解语音合成的概念、发展、分类、原理及应用，通过调用腾讯云小微语音合成接口实现语音合成。

任务目标

通过本任务的学习掌握语音合成技术的原理及常用方法，掌握腾讯云小微语音合成API接口的使用，能够调用腾讯云小微语音合成接口实现文本到语音的转换。

任务分析

实施语音合成的思路如下：

第一步：连接到腾讯云小微语音合成接口。

第二步：填写请求数据。

第三步：发送请求，并将返回的Base64码输出来。

第四步：将返回的Base64码解码为MP3格式并保存到本地。

第五步：可以看到文件夹下成功生成MP3文件，可以进行播放试听，对比之前输入的语音合成文本进行检查。

知识准备

1. 语音合成概述

（1）语音合成的定义

语音合成是自动通过文本生成声音的过程，是语音识别的逆过程。如果说语音识别是让计算机学会"听"人说话，将输入的语音信号转换成文字，那么语音合成就是让计算机程序把输入的文字"说"出来。实际上最早能够形成实用化的语音技术是从语音合成开始的，现在大型的场馆会议和公共场所听到的广播声音大都是用这个技术合成出来的。

（2）语音合成技术的发展

语音合成技术的研究已有两百多年的历史，但是真正有实用意义的语音合成技术是随着计算机技术和数字信号处理技术的发展而发展起来的。纵观语音合成技术的历史长河，这项技术大概经历了6个发展阶段。

1）起源阶段。语音合成技术的起源可以追溯到18～19世纪，当时用机械装置来模拟人的发声，那时候科学家们会制作出一些精巧的气囊和风箱去搭建发声的系统，可以合成出一些元音和单音。

2）电子合成器阶段。20世纪初，出现了用电子合成器来模拟人发声的技术，最具代表性的就是贝尔实验室的Dudley，他在1939年推出了名为"VODER"的电子发声器，使用电子器件来模拟声音的谐振。

3）共振峰合成器阶段。到了20世纪80年代，随着集成电路技术的发展，出现了比较复杂的组合型的电子发生器，比较有代表性是KLATT在1980年发布的串/并联混合共振峰合成器。

4）拼接阶段。到了20世纪80年代末随着PSOLA（基音同步叠加）方法的提出和计算机能力的发展，单元挑选和波形拼接技术逐渐走向成熟，20世纪90年代末刘庆峰博士提出听感量化思想，首次将中文语音合成技术做到了实用化地步。

5）参数合成阶段。在20世纪末期，出现的基于参数的合成技术为语音合成技术的延展带来了巨大的空间。利用模型自适应技术，可以把音色、情感，甚至语种信息调制到声学模型，相应地产生个性化、情感化合成以及跨语种语音合成。

6）基于深度学习的语音合成。基于深度学习和神经网络的建模方法被进一步研究，基于深度学习的语音合成技术也取得了显著进展，成为目前主流的语音合成方法，深度学习的算法可以更好地模拟人声变化规律。

2. 语音合成系统框架

语音合成系统一般由前端和后端两部分组成，可以分为文本分析和语音生成，如图6-1所示。前端包括两个主要任务：文本分析和语音学分析。该部分涉及符号输入（如文本、标记文本和结构化信息）转换为语言表示（如音素、音节、短语或重音标记），它是一个依赖于语言的过程，通过查询字典或规则集来执行。后端主要是对语音进行韵律特征、声学特征建模，然后通过声学预测，最终通过声码器合成语音或者在语音库中挑选单元拼接合成语音。

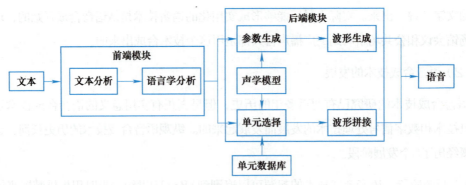

图6-1 传统语音合成框架

3. 语音合成技术的分类

传统的语音合成技术分为非参数合成技术和参数合成技术。其中非参数合成技术主要以单元拼接系统为主。传统的TTS技术相对复杂，需要有语音语言学方面的专业知识。近年来迅猛发展的端到端的语音合成技术，不需要使用者掌握较深的语音语言学专业知识，降低了语音合成技术的门槛。下面分别介绍这三种语音合成方法。

（1）单元拼接法

拼接语音合成需要前期构建由大量语音数据组成的语音数据库，在合成时从语音库中选择适当的子单词单元，拼接所选择的单元形成语音输出，如图6-2所示。比如，有一句待合成文本"我爱祖国！"。如果要将这句文本信息变成语音信息，首先需要在语音合成数据库里挑选这句文本所包含的元素，比如，我、爱、祖国等。挑选完元素之后将这些元素按照一定的顺序组合排列，最后输出合成的语音信息。

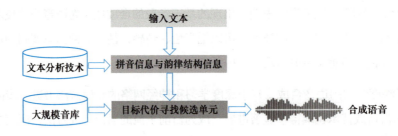

图6-2 单元拼接语音合成图

目前自动报时、报站或报警等专门用途的语音芯片都采用这种方式。由于该方法合成语音的基本单元都是从语音库中挑选出来的，因此保持了原始发音人的音质，但通常只能合成有限词汇的语音段。要想达到较好的语音合成效果，需要根据应用领域建立一个较大的音频库，耗时耗力，同时无法保证领域外文本的合成效果。

（2）参数合成法

参数语音合成技术主要通过数据来训练模型，使模型能够从数据集中学习从文本到声学参数的映射函数。在参数语音合成模型中，基于隐马尔可夫链的统计参数语音合成是最为流行的技术，一般分为文字分析模块、声学模块、声码合成器。基于隐马尔科夫链的参数语音合成模型的流程如图6-3所示。该模型通过模型训练的手段，使用自动参数调制的方法替代了原先的人工参数调制，使得语音合成的效果大大提升。

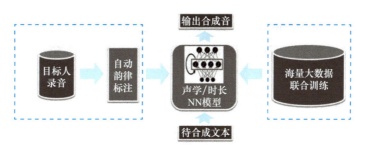

图6-3 参数语音合成图

该方法的优点是可以在较小的语料上建立一个语音合成系统，但是算法复杂、参数多，并且在压缩比较大时，信息丢失也很大，合成后的语音不够自然、清晰。

（3）端到端合成法

端到端的语音合成技术主要包含三个部分：编码器、解码器、声码器，如图6-4所示。首先编码器负责将输入的文本映射为一个特定维度的语义向量，然后解码器将这个语义向量解码为频谱特征，最后声码器负责将频谱特征恢复成波形。一般编码器和解码器都是基于深度学习的方法，声码器可以根据需要选择。从经验上讲，从0开始训练一个端到端的语音合成系统，需要一个人10小时以上的高质量录音。

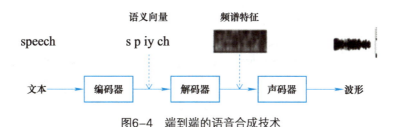

图6-4 端到端的语音合成技术

4. 语音合成技术的应用

当前的TTS技术在语音导航、手机语音助手、智能音箱等场景中得到广泛应用。语音合成还用于机场、火车站和医院等公共场所的公告、手机和笔记本计算机等电子设备的通话、语言学习应用程序等。它能够支持多语种、多方言、多音色的选择，发音水平专业评分可达4.0以上（最高为5分，代表专业播音员发音自然度）。目前的语音合成技术还可构建如明星声音定制、方言定制等专业音库，满足用户的个性化需求。

现阶段语音合成发展的主要目标是进一步提高合成语音的清晰度与自然度、丰富合成语音的表现力、降低技术的复杂度等方面。另外，合成语音现在的主要问题是很难体现出情感特征，具体表现为韵律特征上不够灵活、声调变化上相对死板等问题。而企业应该做的就是结合产业需求，把现在能够实现的一些技术更好地转化到应用中去。

5．语音合成API使用

和语音识别、语义识别的实现方式一样，语音合成也可以通过调用语音合成平台接口、编译语音合成算法来实现。下面介绍腾讯云小微语音合成接口调用方法，主要包括请求数据和响应数据。

（1）请求数据

在使用腾讯云小微语音合成接口时，需要设置header的参数和payload的参数，header的参数设置已经在前面进行了介绍，此处重点介绍语音合成接口中payload的请求参数。常用的参数见表6-1。

表6-1　语音合成API的请求数据

参数	描述	类型
text	合成的文本，请使用UTF-8字符集，文字长度不能超过300	string
voiceName	发声人，详见表6-2	string
syntheticMethod	合成方式，流式合成:stream	string
model	合成采用的模型，标准模型：level_1，高质模型：level_3，默认：level_1，voiceName支持的model见表6-2	string
style	语气风格，默认：0，悲伤：1，开心：2，默认：0	int
index	一段文本合成语音，可能会产生多个语音包,合成的第一个响应包里会体现是否数据下发完成，如果还有后续数据,需逐渐增加index来完成后续数据的请求，直到完成为止	int
lang	语言类型，中文：zh-CN，英文：en-US，默认：zh-CN	string
format	音频格式：pcm/wav/opus/mp3	string
sampleRate	采样率：16K/24K，默认：16K	string
speed	音速(0, 100]，默认:50	int
volume	音量(0, 100]，默认:50	int
pitch	音调(0, 100]，默认:50	int
needPhoneDuration	是否需要音素时长"yes", "no"，默认："no"	string

目前支持的发声人列表见表6-2。

表6-2 发声人列表（可公开使用）

序号	voiceName（发声人）	性别	备注	支持model（模型）
1	wy	女	叮当	level_1，level_3
2	yezi	女	叶子	level_1，level_3
3	yewan	男	夜晚	level_1
4	nazha	男	哪吒，童声	level_1
5	muzha	男	木吒，童声	level_1
6	hanks	男	英文发言人	level_1，level_3
7	sunny	女	英文发言人	level_1
8	xj	女	广告发言人	level_1
9	lifan	男	叮当新闻发音人	level_1
10	pacegirl	女	叮当手表发音人	level_1
11	f007	女	叮当助手童音	level_1，level_3
12	wgvyz	女	轻柔	level_1
13	wgvxs	男	激情	level_1
14	wgvlh	女	大气	level_1
15	wgvfy	女	活力	level_1
16	wgvmn	男	浑厚	level_1
17	wgvls	女	温暖	level_1
18	wgvbc	女	低沉	level_1
19	wgvhk	男	活力	level_1
20	wgvcc	男	童声	level_1，level_3
21	wgvbx	女	小说发音人，言情风格	level_1
22	wgvyl	男	小说发音人，玄幻武侠风格	level_1
23	qixia	男	奇侠	level_1
24	wgvzw	男	自录男发音人	level_1，level_3
25	tom	男	英文男童发言人	level_3

（2）响应数据

在接入腾讯云小微的API时，语音合成的响应结果是Base64格式编码的音频数据。Base64是一种基于64个可打印字符来表示二进制数据的方法，可用于在HTTP环境下传递较长的标识信息。采用Base64编码具有不可读性，需要解码后才能阅读，所以语音合成后的Base64音频数据需要转换成想要的音频格式（如MP3、WAV）才能播放出声音。语音合成中一些常用的参数设置见表6-3。

表6-3 语音合成API的响应数据

参数	描述	类型
dataBase64	合成音频数据，以Base64格式编码	string
audioFormat	音频格式	string
audioSampleRate	音频采样率	int
status	合成状态，done本次合成完成；undone还有后续数据，需增加index，带上sessionId继续请求	string
phoneDurations	音素时长统计，phone:音素，index:偏移时长起始位，duration:持续的时长(ms)	vector

任务实施

第一步：连接到腾讯云小微语音合成接口，代码如下。

扫码看视频

```
import requests                          #导入requests库
import json                              #导入json库
import base64                            #导入base64库，base64是一种将不可见字符转换为可见字符的编码方式。
url = 'https://gwgray.tvs.qq.com/ai/tts'  #云小微语音合成接口
headers = {
    'Appkey': 'fbe6ed2041ea11eb8e83793e0d29e1dd',
    'Content-Type':'application/json',
}
//POST请求，AppKey是云小微为厂商应用分配的应用标识和密钥，可以在云小微设备平台获取。
```

第二步：填写请求数据，代码如下。

```
data = json.dumps({
  "header":{
     },
  "payload":{
     "text":"合成的文本 请使用 UTF-8 字符集文字长度不能超过 300",
     "voiceName":"libai",
     "synthetic_method":0,
     "model":"level_1",
     "index":0
     }
})
```

扫码看视频

第三步：发送请求，并将返回的Base64码输出出来，代码如下，可以看到返回的Base64编码被打印出来，如图6-5所示。

```
r = requests.post(url,data,headers=headers)
print("base64连接为： data:audio/mpeg;base64,"+json.loads(r.text)["payload"]["dataBase64"])
```

图6-5　Base64编码打印效果图

第四步：将返回的Base64码解码为MP3格式并保存到本地，代码如下。

```
f = open("./base64.txt","w")   # 打开文件以便写入
print(json.loads(r.text)["payload"]["dataBase64"],file=f)
f.close  #  关闭文件
def ToFile(txt, file):    #定义转换函数
    with open(txt, 'r') as fileObj:
        base64_data = fileObj.read()
        ori_mp3_data = base64.b64decode(base64_data)
        fout = open(file, 'wb')
        fout.write(ori_mp3_data)
        fout.close()
ToFile("./base64.txt", 'base64.mp3')  # Base64编码转换为MP3文件
```

第五步：可以看到文件夹下成功生成MP3文件，如图6-6所示。可以进行播放试听，对比之前输入的语音合成文本进行检查。

图6-6　运行结果

任务2 实现SAPI语音合成

任务描述

语音合成的实现有很多种方法,本单元任务1通过调用腾讯云小微语音合成API接口实现了语音合成,而Windows系统自带的win32com功能也可以简单地实现语音合成功能。本任务通过Windows系统自带的语音引擎中的win32com功能实现语音合成。

任务目标

本任务通过学习SAPI(The Microsoft Speech API,微软的语音API)了解Windows的TTS语音引擎,了解Python GUI图形开发界面库Tkinter的常用控件的使用方法。可以实现通过简单的代码利用Windows自带的win32com功能来完成语音合成的案例。

任务分析

实现语音合成的思路如下:

第一步:利用Python导入pywin32库和Tkinter库。

第二步:利用Tkinter库生成图形化界面。

第三步:利用pywin32库调用Windows本身的语音合成引擎实现对文本的合成并播放语音。

知识准备

1. SAPI概述

SAPI中的语音技术包括两方面,一个是语音识别(Speech Recognition),另一个是语音合成(Speech Synthesis),这两个技术都需要语音引擎的支持,本任务主要用到Windows自带的语音合成引擎。

(1)SAPI详解

微软所提供的SAPI在应用程序和语音引擎之间提供一个接口。语音引擎通过DDI层(设备驱动接口)和SAPI进行交互,应用程序通过API层和SAPI通信。通过使用这些API,可以快速开发语音识别或语音合成方面的应用程序。SAPI应用程序编程接口明显减少了构建一个语音识别和语音合成应用程序所需要的高层代码，使语音技术更加容易使用并且更加扩大了应用的范围。

SAPI最早以SDK开发包的形式发布，微软屏蔽了所有的底层实现，用户只需要从应用角度来组织代码。Windows Speech SDK包含语音合成SS引擎和语音识别SR引擎。语音识别引擎用于识别语音命令，调用接口完成某个功能，实现语音控制；语音合成引擎用于将文字转换成语音输出。

SAPI包括以下几类组件对象（接口）：Voice Commands API、Voice Dictation API、Voice Text API、Voice Telephone API 和Audio Objects API。本任务要实现语音合成需要的是Voice Text API。组件对象（接口）的详细信息见表6-4。

表6-4　SAPI组件对象（接口）

组件对象（接口）	描述
Voice Commands API	对应用程序进行控制，一般用于语音识别系统中。识别某个命令后，会调用相关接口使应用程序完成对应的功能。如果程序想实现语音控制，必须使用此组对象
Voice Dictation API	听写输入，即语音识别接口
Voice Text API	完成从文字到语音的转换，即语音合成
Voice Telephone API	语音识别和语音合成综合运用到电话系统中，利用此接口可以建立一个电话应答系统，甚至可以通过电话控制计算机
Audio Objects API	封装了计算机发音系统

其中Voice Text API，就是微软TTS引擎的接口，通过它可以很容易地建立功能强大的语音合成程序，金山词霸的单词朗读功能就用到了这些API，而目前几乎所有的文本朗读工具都是用SAPI开发的。

SAPI的TTS都是通过SpVoice对象来完成的。SpVoice类是支持语音合成(TTS)的核心类。通过SpVoice对象调用TTS引擎，从而实现朗读功能。SpVoice类主要属性见表6-5。

表6-5　SpVoice类主要属性

属性	描述
Voice	表示发音类型，相当于进行朗读的人，通常可以通过安装相应的语音引擎来增加相应的语音
Rate	语音朗读速度，取值范围为-10～10。数值越大，速度越快
Volume	音量，取值范围为0～100。数值越大，音量越大

SpVoice常用的方法见表6-6。

表6-6　SpVoice方法

方法	描述
Speak()	完成将文本信息转换为语音并按照指定的参数进行朗读，该方法有Text和Flags两个参数，分别指定要朗读的文本和朗读方式(同步或异步等)
GetVoices()	获取系统中的语音，用于指定SpVoice的Voice属性
Pause()	暂停使用该对象的所有朗读进程。该方法没有参数
Resume()	恢复该对象所对应的被暂停的朗读进程。该方法没有参数

（2）Windows自带语音合成引擎

下面以Windows10操作系统为例来了解基于Windows的语音引擎。

第一步：打开控制面板，单击"轻松使用"，如图6-7所示。

图6-7　控制面板轻松使用

第二步：单击"语音识别"，如图6-8所示。

图6-8　控制面板语音识别

第三步：单击"高级语音选项"，如图6-9所示。

图6-9　文本到语音转换

第四步：从图6-10中可以了解到系统语音识别选项卡中所安装的语音识别引擎和语音合成选项卡中语音合成引擎所使用的语音库，计算机的屏幕讲述人使用的就是语音合成引擎。

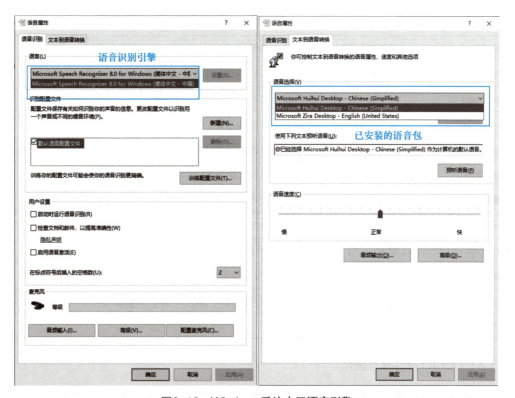

图6-10　Windows系统内置语音引擎

2. Tkinter概述

Python提供了多个GUI（图形开发界面）库，常用的Python GUI库有Tkinter、wxPython和Jython等。Tkinter是Python的标准GUI库，Python使用Tkinter可以快速创建GUI应用程序。由于Tkinter内置到Python的安装包中，安装好Python之后就能导入（import）Tkinter库，使用简单、方便。

（1）Tkinter控件

Tkinter提供了多种界面控件，如按钮、标签、文本框和下拉菜单等，常用的Tkinter控件介绍见表6-7。

表6-7　Tkinter控件介绍

控件	描述
Button	按钮控件，在程序中显示按钮
Canvas	画布控件，显示图形元素如线条或文本
Checkbutton	多选框控件，用于在程序中提供多项选择框
Entry	输入控件，用于显示简单的文本内容
Frame	框架控件，在屏幕上显示一个矩形区域，多用来作为容器
Label	标签控件，可以显示文本和位图
Listbox	列表框控件，在Listbox窗口，小部件是用来显示一个字符串列表给用户的
Menubutton	菜单按钮控件，用于显示菜单项
Menu	菜单控件，显示菜单栏、下拉菜单和弹出菜单
Message	消息控件，用来显示多行文本，与label比较类似
Radiobutton	单选按钮控件，显示一个单选的按钮状态
Scale	范围控件，显示一个数值刻度，为输出限定范围的数字区间
Scrollbar	滚动条控件，当内容超过可视化区域时使用，如列表框
Text	文本控件，用于显示多行文本
Toplevel	容器控件，用来提供一个单独的对话框，和Frame比较类似
Spinbox	输入控件，与Entry类似，但是可以指定输入范围值
PanedWindow	PanedWindow是一个窗口布局管理的插件，可以包含一个或者多个子控件
LabelFrame	LabelFrame 是一个简单的容器控件，常用于复杂的窗口布局
tkMessageBox	用于显示应用程序的消息框

（2）Tkinter控件标准属性

标准属性也就是所有控件的共同属性，如大小、字体和颜色等。具体信息见表6-8。

表6-8　Tkinter控件标准属性

属性	描述
Dimension	控件大小
Color	控件颜色
Font	控件字体
Anchor	锚点
Relief	控件样式
Bitmap	位图
Cursor	光标

（3）Tkinter控件几何管理

Tkinter控件有特定的几何状态管理方法，管理整个控件区域组织，Tkinter公开的几何管理类有包（pack）、网格（grid）、位置（place），见表6-9。

表6-9　Tkinter几何管理类

几何方法	描述	属性说明
pack()	包；pack几何管理类采用块的方式组织配件，在快速生成界面设计中广泛采用，若干组件简单布局，采用pack的代码量最少。pack几何管理程序根据组件创建生成的顺序将组件添加到父组件中去。通过设置相同的锚点（anchor）可以将一组配件紧挨一个地方放置，如果不指定任何选项，默认在父窗体中自顶向下添加组件	after:将组件置于其他组件之后；before：将组件置于其他组件之前；anchor：组件的对齐方式，顶对齐"n"，底对齐"s"，左对齐"w"，右对齐"e"；side:组件在主窗口的位置，可以为"top"、"bottom"、"left"、"right"；fill:填充方式（Y，垂直；X，水平）；expand：1可扩展，0不可扩展
grid()	网格；grid几何管理类采用类似表格的结构组织配件，使用起来非常灵活，用其设计对话框和带有滚动条的窗体效果最好。grid采用行列确定位置，行列交汇处为一个单元格。每一列中，列宽由这一列中最宽的单元格确定。每一行中，行高由这一行中最高的单元格决定	column：组件所在的列起始位置；columnspam：组件的列宽；row:组件所在行起始位置；rowspam：组件的行宽
place()	位置；place几何管理类允许指定组件的大小与位置，缺点是改变窗口大小时组件不能随之灵活地改变大小	anchor：组件对齐方式；x:组件左上角的x坐标；y：组件右上角的y坐标；relx:组件相对于窗口的x坐标，应为0~1之间的小数；rely：组件相对于窗口的y坐标，应为0~1之间的小数；width：组件的宽度；height：组件的高度；relwidth：组件相对于窗口的宽度，0~1；relheight：组件相对于窗口的高度，0~1

导入Tkinter库的代码如下。

```
import tkinter              #之后使用不可以省略模块名tkinter
import tkinter import *     #之后使用可以省略模块名tkinter
```

（4）Tkinter实例

1）利用Tkinter创建一个主窗口及标题的代码如下，运行效果如图6-11所示。

```
# 示例1：主窗口及标题
# -*- coding: UTF-8 -*-
import tkinter
app = tkinter.Tk()  # 创建根窗口
app.title('Tkinter root window')  # 根窗口标题
theLabel = tkinter.Label(app, text='我的第1个窗口程序！')  # label组件及文字内容
theLabel.pack()  # pack()用于自动调节组件的尺寸
app.mainloop()   # 窗口的主事件循环。
```

图6-11　Tkinter实例1

2）利用Tkinter创建一个主窗口并放置两个列表组件的代码如下，运行代码，效果如图6-12所示。

```
# -*- coding: UTF-8 -*-
# 示例2：主窗口及列表组件
#from tkinter import *
root = Tk()              # 创建窗口对象
                         # 创建两个列表
li    = ['C','python','php','html','SQL','java']
movie = ['CSS','jQuery','Bootstrap']
listb  = Listbox(root)   # 创建两个列表组件
listb2 = Listbox(root)
for item in li:          # 第一个小部件插入数据
    listb.insert(0,item)

for item in movie:       # 第二个小部件插入数据
    listb2.insert(0,item)
```

```
listb.pack()              # 将小部件放置到主窗口中
listb2.pack()
root.mainloop()           # 窗口的主事件循环。
```

图6-12　Tkinter实例2

任务实施

第一步：安装所需的库，在Python命令行界面输入如下代码。

```
pip install pywin32  #安装pywin32库
#由于tkinter库是内置在python中的，所以这里不需要额外安装tkinter库
```

第二步：导入所需的库，代码如下。

```
import win32com.client as wincl  #导入win32com库提供的模块
import tkinter as tk  #导入tkinter库
```

第三步：定义转换函数，代码如下。

```
def textSpeech():   #定义转换函数
    text = e.get('0.0','end')   #获取文本
    speak = wincl.Dispatch("SAPI.SpVoice") #通过SpVoice对象调用TTS引擎
        speak.Speak(text)  #朗读文本
```

第四步：构建图形化界面，代码如下。

```
hecheng = tk.Tk()  #实例化tk对象
hecheng.geometry("315x365")  #设置窗口大小
hecheng.resizable(width=False,height=True)  #框体大小可调性,分别表示x,y方向的可变性;
hecheng.config(background="LightSteelBlue")  #设置背景色
hecheng.title("语音合成实例")  #设置窗口标题
f = tk.Frame(hecheng,bg="green",cursor='xterm')  #构造Frame框架控件,设置Frame控件的部分属性
f.pack()  #利用pack方法将容器放置在窗口上面,主要是相对位置的一个概念,pack方法是按照代码执行顺序一行一行放置的,先后顺序对结果有很大影响。
lbl = tk.Label(f, text="输入需要转换的文本:", bg="yellow" ,font=('宋体',20),cursor='xterm')  #创建Label标签控件,设置部分属性
lbl.pack(side=tk.TOP)
e = tk.Text(f, height=10,width=24,font=('微软雅黑',15))  #创建输入控件,设置部分属性
e.pack()
btn = tk.Button(f, text="语音输出",bg="white", font=('楷体',20),cursor='crosshair',activebackground='grey',command=textSpeech)  #创建按钮标签,设置部分属性
btn.pack(side=tk.BOTTOM)
hecheng.mainloop()  #进入事件(消息)循环
```

第五步:运行代码,效果如图6-13所示,在文本框输入要转换的文本,单击"语音输出"按钮,即可听到合成的语音。

图6-13　运行结果

单元小结

语音合成一直是语音处理中的一个重要环节,是一门跨学科的前沿技术,可大大改善人机交互环境,能提供声文并茂的信息表达方式。通过本单元对语音合成的学习,读者了解了语音合成的相关概念、发展历程及其常用的方法,掌握了语音合成的基本原理,并通过实际调用

腾讯云小微语音识别接口和通过Windows内置语音合成引擎来实现语音合成的具体案例，具备了自己调用腾讯云小微语音合成API接口实现语音合成的能力。

单元评价

通过学习以上任务，看看自己是否掌握了以下技能，在技能检测表中标出已掌握的技能。

评价标准	自我评价	小组评价	教师评价
了解语音合成的定义与发展			
理解语音合成的流程框架			
理解波形拼接法与参数合成法			
了解Python图形化界面库			
掌握Windows内置语音合成引擎			
掌握语音合成的应用			
掌握连接腾讯云小微接口进行语音合成的方法			
掌握利用Windows内置语音合成引擎进行语音合成的方法			

备注：A为能做到；B为基本能做到；C为部分能做到；D为基本做不到。

课后习题

一、选择题（单选）

1. 以下关于语音合成的顺序正常的是？（　　）

    A．输入文本、韵律处理、文本处理、单元拼接、语音输出

    B．输入文本、韵律处理、单元拼接、语音输出

    C．文本处理、单元拼接、韵律处理、语音输出

    D．输入文本、文本处理、韵律处理、单元拼接、语音输出

2. 语音合成可以分为三个层次，分别是文字到语音、概念到语音、（　　）。

    A．数据库到语音　　　　　　　B．词组到语音

    C．语句到语音　　　　　　　　D．意向到语音

二、选择题（多选）

1. 语音合成的流程分为哪三个部分？（　　）

    A．文本分析　　　B．韵律分析　　　C．声学分析　　　D．语音输出

2. 现阶段语音合主要的两种方式是？（　　）

    A．韵律合成法　　B．波形拼接法　　C．参数合成法　　D．规则合成法

3. 以下哪些是语音合成常用的技术？（　　）

    A．共振峰合成　　B．LPC合成　　　C．PSOLA拼接合成　D．LMA声道模型

4. 语音合成技术可以实现（　　）。

    A．调节语速　　　B．调节音调　　　C．调节发音　　　D．调节语种

三、简答题

1. 语音合成的目的是什么？它主要分为哪几类？比较它们的优缺点。
2. 在TTS系统中，如何实现语音合成的韵律控制？

UNIT 7

单元 7
人机对话系统软件测试实战

学习目标

⇨知识目标

- 了解软件测试的定义、目的及原则。
- 了解软件测试的模型和分类。
- 熟悉接口测试的基本原理。
- 了解接口测试的背景及定义。
- 掌握接口测试的基本原理。
- 了解接口测试的常用工具。
- 掌握Postman接口测试工具。
- 熟悉Postman中响应状态码的含义。

⇨技能目标

- 能够通过腾讯云小微开放平台熟练掌握功能测试。
- 能够掌握在腾讯云小微开放平台上的压力测试申请流程。
- 能够熟练掌握Postman的安装过程。
- 能够熟练掌握使用Postman实现接口传值的过程。
- 能够使用Postman实现语音识别和语音合成接口测试。

任务1 软件测试基础

任务描述

软件测试在软件整个开发过程中起着至关重要的作用,软件发布上线前最重要的就是对软件进行详细的测试。本任务通过了解软件测试的一些基础知识,学习使用腾讯云小微语音测试平台实现功能测试及压力测试,为进一步学习软件测试奠定基础。

任务目标

通过本任务对软件测试有初步了解,能够使用腾讯云小微语音测试平台实现功能测试及压力测试申请。

任务分析

通过腾讯云小微语音测试平台,实现对已创建应用"语音机器人"的测试,具体思路如下:

第一步:登录腾讯云小微语音测试平台。

第二步:按照单元1中创建测试应用的步骤,创建名为"语音机器人"的应用,单击进入。

第三步:在"语音机器人"应用测试界面右侧的"快速体验"区完成测试。

第四步:在"语音机器人"应用测试界面左侧选择"压测申请",进入"创建压测申请"界面,填写信息,完成压力测试申请。

知识准备

1. 软件测试概要

(1) 软件测试的定义

软件测试指的是在规定条件下对程序操作的过程,在这个过程中测试人员能够发现程序中的错误、软件可能存在的质量问题以及软件是否满足用户需求等。从软件开发到软件发布,软件测试是其中重要的一环,若测试工作没有做好,可能会使公司遭受巨大损失。通过软件测试不仅能提高软件质量,还可以发现问题,减少程序中未发现的缺陷等。

（2）软件测试的目的

软件产品可以解决人们生活中遇到的问题，提高工作效率。例如，淘宝的诞生解决了人们购物和网上开店的问题，微信的诞生解决了人们即时通信的问题等。而软件产品最终具备哪些功能由客户需求决定，客户需求如何转化为最终的软件产品要经过一系列的开发过程，软件开发流程如图7-1所示。

图7-1 软件开发流程

在软件开发过程中，软件设计方案与需求说明书一样，可能会存在片面、多变、理解与沟通不足的情况，导致软件出现问题。软件测试的目的，就是以最少的人力、物力和时间找出软件中潜在的各种错误和缺陷，通过修正这些错误和缺陷来提高软件质量，避免软件发布后由于潜在的软件缺陷和错误造成的隐患所带来的商业风险。

软件测试主要是为了发现并指出问题，对软件进行测试只能证明软件存在错误，但是不能证明软件没有错误。软件公司对软件开发组的要求是在指定的时间、合理的预算下，提交一款可以交付的软件，测试人员的工作就是把软件的错误控制在可以进行产品交付的程度，但是并不代表该软件没有错误。对于软件的测试不会一直进行，针对不同软件，测试的成本不同，因此要把错误控制在一个合理的范围之内。所以在项目计划时，需要给测试留出足够的时间和经费，仓促的测试或者由于项目提交计划的压力而终止测试，只能对整个项目造成无法估量的损害。

（3）软件测试的原则

1）测试应基于用户需求。所有的测试标准应建立在满足客户需求的基础上，从用户角度来看，最严重的错误是导致程序无法满足需求的错误。在开发过程中，用户早期介入和接触原型系统，可以开发出更加满足客户需求的产品，同时应依照用户的需求配置环境，并且依照用户的使用习惯进行测试并评价结果。

2）做好软件测试计划是做好软件测试工作的关键。软件测试是有组织、有计划、有步骤的活动，因此要严格执行测试计划，避免测试的随意性。

项目测试相关的活动依赖于测试对象的内容。对于每个软件系统，其测试策略、测试技术、测试工具、测试阶段以及测试出口准则等的选择均不相同。同时，测试活动必须与应用程序的运行环境和使用中可能存在的风险相关联。因此没有两个系统可以通过完全相同的方式进行测试。比如，对关注安全的电子商务系统进行测试与一般的商业软件测试所关注的重点就不同，它更多关注的是安全测试和性能测试。

3）应尽早并不断进行软件测试。软件项目启动后就需要开始进行软件测试。由于软件的复杂性和抽象性，在软件生命周期的各阶段均可能出现错误，所以不应该仅把软件测试看作软件开发的一个独立阶段，而应当把它贯穿到软件开发的全过程。如图7-2所示，发现错误的时间越晚，修改缺陷的代价越高，甚至成倍增长，同时在软件发布后才发现问题并进行修复，通常需要花费更多成本。所以，在需求分析和设计阶段就应该开始进行测试工作，编写相应的测试计划及测试设计文档，同时坚持在开发各阶段进行技术评审和验证，这样才能尽早发现和预防错误，杜绝某些缺陷和错误，提高软件质量。尽早开展测试准备工作，使测试人员能够在早期了解测试的难度，预测测试的风险，有利于制订完善的计划和方案，提高软件测试及开发的效率，规避测试中存在的风险。尽早开展测试工作，有利于测试人员尽早发现软件中的缺陷，大大降低修复错误的成本。

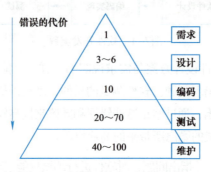

图7-2　错误代价递增示意图

4）测试前必须明确产品的质量标准。只有建立相应的质量标准，才能根据测试结果对产品的质量进行分析和评估。同样，测试用例应该确定期望输出结果，如果无法确定期望输出结果，则无法进行检验。必须用预先精确对应的输入数据和输出结果来对照检查当前的输出结果是否正确，做到有的放矢。系统的质量特征不仅是功能性要求，还包括很多其他方面的要求，如稳定性、可用性、兼容性等。

5）避免测试自己的软件。由于心理因素的影响或者程序员错误地理解了需求或者规范，导致程序中存在错误。应避免程序员或者编写软件的组织测试自己的软件，一般要求有专门的测试人员进行测试，并且还要求用户参与，特别是验收测试阶段，用户是主要的参与者。

6）应充分注意测试中的集群现象。一般来说，一段程序中已发现的错误数量越多，其中存在错误的概率就越大。错误集中发生的现象可能和程序员的编程水平和习惯存在很大关系。因此，对发现错误较多的程序段，应进行更深入的测试。

2. 软件测试的模型

在软件质量体系中，为了更好地管理软件开发的全部过程，软件质量控制人员提出了软件测试模型。典型的开发模型有边做边改模型、瀑布模型、快速原型模型等，但这些开发模型并没有把软件测试包含进去，无法实现对软件的测试。而随着软件测试的发展，软件测试开始受到公司的重视，于是软件质量控制人员希望软件测试也像软件开发一样，由一个模型来指导整个软件的测试过程。当前最常见的软件测试模型有V模型、W模型、H模型和X模型。

（1）V模型

V模型在软件测试中存在已久，其与瀑布模型具有许多相同的特性。主要强调在整个软件项目开发中需要经历的若干个测试级别，并与每一个开发级别对应。图7-3从左到右描述了基本的开发过程和测试行为。V模型虽然明确地标明了测试过程中存在的不同级别，并且清楚地描述了这些测试阶段和开发过程期间各阶段的对应关系，但是把测试作为编码之后的最后一个过程，需求分析等前期产生的错误，直到后期的验收测试才能发现，这就造成了V模型的局限性。

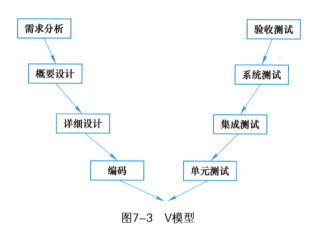

图7-3　V模型

（2）W模型

W模型的出现补充了V模型中忽略的内容，强调了测试计划等工作的先行及对系统需求和系统设计的测试。相对于V模型，W模型增加了软件各开发阶段中应同步进行的验证和确认活动。W模型由两个V模型组成，分别代表测试与开发过程，如图7-4所示，明确表示了测试与开发的并行关系。测试伴随着整个软件开发周期，从需求到项目开发完成，有利于尽早和全面发现问题。

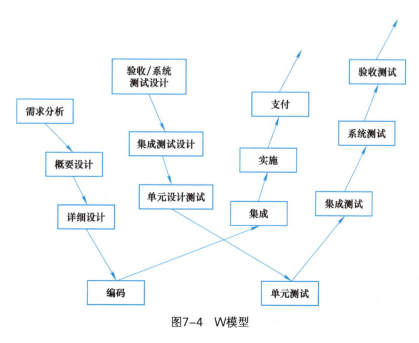

图7-4　W模型

例如，需求分析完成后，测试人员便可参与到对需求的验证和确认过程中，尽早找出缺陷所在。同时，对需求的测试也有利于及时了解项目难度和测试风险，及早制订应对措施，减少总体测试时间，加快项目进度。

（3）H模型

H模型强调测试是独立的，测试过程贯穿于产品的整个周期，与其他流程一起进行，某个测试点准备就绪时，就可以从测试准备阶段进行到测试执行阶段。软件测试可以尽早进行，且可以根据被测物的不同而分层次进行。图7-5为在整个生产周期中某个层次上的一次测试"微循环"，其他流程可以是任意的开发流程，如编码流程等。

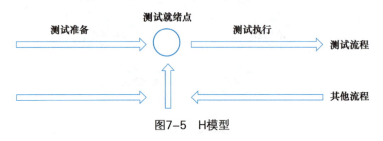

图7-5　H模型

（4）X模型

X模型是对V模型的改进，X模型提出针对单独的程序片段进行相互分离的编码和测试，此后通过频繁的交接和集成，最终合成可执行的程序。图7-6中左边描述的是针对单独程序片段所进行的相互分离编码和测试，此后将进行频繁地交接，通过集成，最终成为可执行的程序，再对这些可执行程序进行测试。对已通过集成测试的成品，可以进行封装并提交给用户，也可以作为更大规模和范围内集成的一部分。多根并行的曲线表示变更可以在各个部分发生。

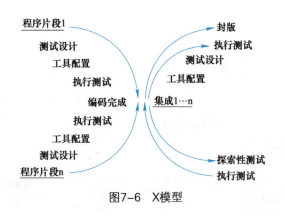

图7-6　X模型

3．软件测试分类

软件测试是一个完整的、体系庞大的学科，不同的测试领域有不同的测试方法、名称和技术。如常用的黑盒测试、白盒测试等，都是根据不同的分类方法而产生的测试名称。根据不同分类标准，可以按照测试阶段、测试技术、测试质量对软件测试进行分类。

（1）按照测试阶段分类

根据测试阶段不同，可以将软件测试分为单元测试、集成测试、系统测试和验收测试，这种分类方法是为了检查软件开发各个阶段是否符合要求。

1）单元测试。单元测试一般是软件测试的第一步，主要目的是验证软件单元是否符合软件需求和设计，目前主要是由开发人员进行自测。

2）集成测试。集成测试是将通过测试的软件单元组合在一起，用来测试它们之间的接口，从而判断软件是否满足设计的需求。

3）系统测试。系统测试是将经过测试的软件在实际环境中运行，并与其他系统的成分组合在一起进行测试。系统测试的类别有：功能测试、性能测试、外部接口测试、人机界面测试、安全性测试和可靠性测试。

4）验收测试。验收测试主要是对软件产品说明进行测试，通过说明书的要求对产品进行相关测试，来确保其符合用户的各项要求指标。

（2）按照测试技术分类

软件测试按照测试技术分类一般分为黑盒测试和白盒测试。

1）黑盒测试。黑盒测试就是把软件看成一个盒子，不需要关心内部结构，只需要输入的内容按照预想的结果进行输出即可。黑盒测试如图7-7所示。

2）白盒测试。白盒测试是指测试人员了解软件程序的逻辑结构、路径与运行过程，在测试时，按照程序的执行路径得出结果。白盒测试就是把软件看成一个透明的盒子，测试人员在输入过程中清楚地知道每个输出的结果。白盒测试如图7-8所示。

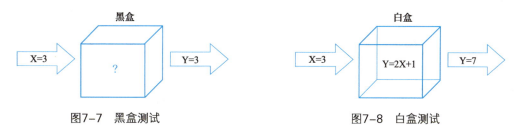

图7-7　黑盒测试　　　　　　　图7-8　白盒测试

（3）按照测试质量分类

软件测试根据测试质量特性分类可以分为功能测试和性能测试。

1）功能测试。功能测试是一种黑盒测试，用来检查软件的实际功能是否达到用户预期的需求，通常情况下，功能测试一般是在整个软件产品开发完成后，通过直接运行软件的方式，对前端（用户界面）的输入与输出功能进行测试，来检验能否正常使用软件的各项功能、业务逻辑是否清楚、是否满足用户需求。功能测试所涉及的软件产品可以是Web程序、手机APP，也可以是微信小程序。

2）性能测试。性能测试是指通过模拟生产运行的业务压力或用户使用场景来测试系统的性能是否满足生产性能的要求，其目的是为软件产品使用者提供高质量、高效率的软件产品。性能测试通常情况下有时间性能测试和空间性能测试。

时间性能测试主要是指软件在某一个具体事务之间的响应时间，比如，登录一个企业网站，输入用户名和密码后，单击"登录"按钮，在这个过程中，响应时间就是从单击"登录"按钮开始到界面发生反馈的时间，如图7-9所示。一般情况下，时间性能测试会对某个事务记录多次响应时间从而获取平均值。

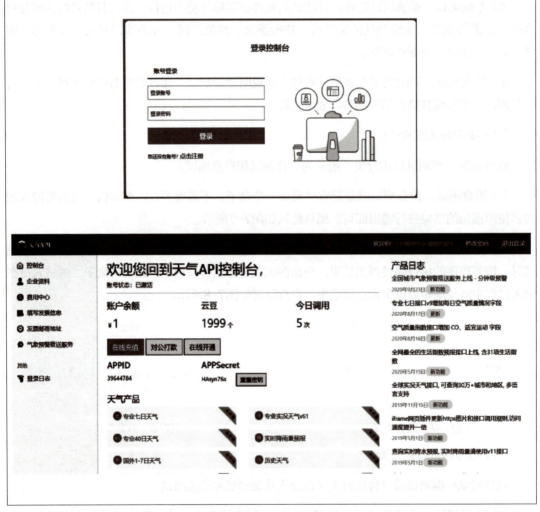

图7-9　界面发生反馈界面

空间性能主要是软件在运行过程中消耗的系统资源，如软件安装之前，软件提示用户安装的最低要求。

在软件测试过程中，性能测试可以分为一般性能测试、稳妥定性测试、负载测试和压力测试。其中：

① 一般性能测试只是被测系统在正常的软硬件环境下运行，不需要向其施加任何压力的性能测试。

② 稳妥定性测试是指连续运行被测系统，检查系统运行的稳定程度。

③ 负载测试是指被测系统在其能承受压力极限范围内，连续运行来测试系统的稳定性。

④ 压力测试是指持续不断给被测系统压力，直到将被测系统压垮为止，用来测试系统最大的受压能力。

1. 腾讯云小微功能测试

功能测试主要用于测试软件是否达到了用户预期的需求，这里通过使用腾讯云小微设备平台，测试已创建的应用"语音机器人"，进一步了解功能测试，具体步骤如下：

第一步：登录腾讯云小微设备平台，单击左上角的"所属项目"，找到"我的默认项目"，从中选择测试应用"语音机器人"，单击进入应用（请选择已经发布的应用），如图7-10所示。

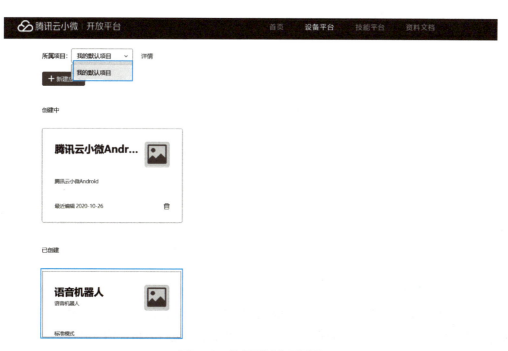

图7-10 选择测试应用页面

第二步：进入应用后，单击右上角的"快速体验"即可进入测试，如图7-11所示。

第三步：在对话框中输入测试内容，按<Enter>键即可得到反馈结果，同时版本切换对话框也支持应用版本的切换，如图7-12所示。

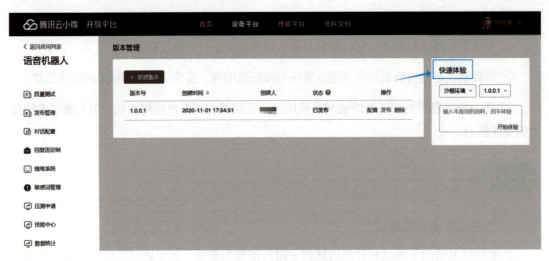

图7-11　测试应用页面

图7-12　测试结果页面

2. 压力测试申请流程

在软件测试过程中，压力测试是性能测试中的一种测试方法，用于测试系统在不同压力状况下的工作效率和承受压力的能力，然后针对测试结果进行分析评估，并作出合理调整和优化。通过腾讯云小微设备平台实现压力测试，首先需要了解压力测试申请流程，具体步骤如下：

第一步：登录腾讯云小微设备平台，选择测试应用"语音机器人"，单击进入后，选择侧边栏中的"压测申请"，如图7-13所示。

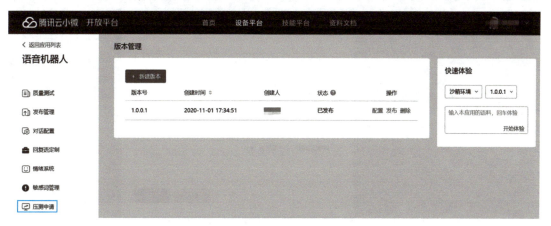

图7-13 压测页面

第二步：进入压力测试页面，单击"创建压测申请"按钮，如图7-14所示。

图7-14 创建压力测试页面

第三步：进入压力测试申请界面，根据弹出对话框中的提示填写"开始时间""结束时间""QPS（Queries Per Second，每秒查询率）""地区""网络运营商"等信息，其中，开始时间需提前两天，且开始时间和结束时间之间不能超过七天，如图7-15所示。

第四步：单击"保存"按钮便成功提交申请，随后等待审核通过，如图7-16所示。

第五步：管理员审核通过客户提交的压力测试申请后，压力测试管理页面中的申请状态发生变更，单击可查看生成的"Bot APPkey""Bot Token""DSN"等信息，如图7-17所示。

图7-15 创建压测申请页面

图7-16 压测申请审核页面

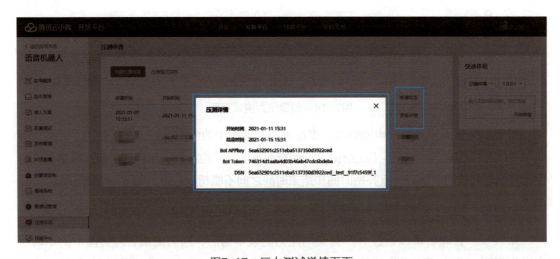

图7-17 压力测试详情页面

任务2 Postman测试工具

任务描述

随着软件系统的复杂性不断上升,用于测试软件系统的工具也越来越多,本任务通过了解接口测试以及备受欢迎的Postman接口测试工具,学习接口测试的基础知识,掌握Postman接口测试工具的安装与基本使用方法,为进一步学习Postman测试工具的使用奠定基础。

任务目标

通过本任务学习接口测试及Postman接口测试工具的基础知识,了解使用Postman进行接口测试时的优越性,掌握Postman的安装和使用过程,实现使用Postman工具并用GET方法从服务器检索天津天气数据。

任务分析

实现Postman测试工具的安装和单接口传值的思路如下:

第一步:在客户端双击Postman安装包,按提示完成安装。

第二步:进入Postman主界面,使用GET方法从服务器检索天津天气数据。

知识准备

1. 接口测试

(1) 接口测试的背景及定义

应用程序编程接口(Application Programming Interface,API)是目前十分热门的一项技术,随着软件系统开发的不断发展,API在其中起到了至关重要的作用,使得开发过程更加便利。因此,通过更简单、快捷的方法测试API能否按照预期运行,是软件测试人员最为关注的方面。

接口测试在软件测试中属于系统测试的一类测试方法,它主要针对软件对外提供服务接口的输入输出来进行测试,以及接口间相互逻辑的测试,验证接口功能与接口描述文档的一致性。由于软件系统越来越复杂,传统的功能测试很难有效地测试出软件系统中存在的问题,而接口测试则弥补了传统测试的缺陷,能够更早、更深入地发现系统中深层次的问题,降低了修复问题的时间成本，有效缩短了测试周期。

（2）接口测试基本原理

接口测试主要是通过借助测试工具来模拟客户端和服务器间收发请求的过程。首先客户端向服务器发送请求报文；然后服务器对接收到的报文进行处理，并将处理后的结果返回给客户端，接口测试工具模拟客户端接收处理结果；最后，由测试人员对接收到的结果进行验证，查看是否与描述文档一致。

（3）接口测试的工具

目前，用于接口测试的工具有很多，包括Postman、Newman、Git、Jenkins等，而Postman是其中最受欢迎且最好用的接口测试工具。它简单、便于测试人员快速上手、能覆盖绝大多数HTTP接口测试场景，通常对系统测试更为彻底，能够更好地保障产品质量，同时能越早、越底层地发现问题，修改和维护的代价也越小，所以Postman成为软件测试人员的首选。

2. Postman接口测试工具

Postman是一款功能强大的接口测试工具，它提供了Web API和HTTP请求的调试，能够发送任何类型的HTTP请求，如GET、POST等，并且能附带任何数量的参数和Headers。最开始Postman作为Chrome插件而存在，2018年初Chrome停止了对Chrome应用程序的支持，因此可能出现Postman插件无法正常使用的情况，随后Postman提供了独立的客户端安装包，不再单纯依赖于Chrome浏览器，同时还支持MAC、Windows和Linux等操作系统，使用更简单方便。Postman主界面各区域说明如图7-18所示。

图7-18　Postman主界面说明

目前，常见的软件接口有HTTP接口、Web Service接口和RESTful接口，而基于浏览器/服务器模式（B/S）的软件系统接口多数为HTTP接口。在Postman接口测试工具中，HTTP定义的与服务器交互的方法有GET、POST、PUT、PATCH、DELETE、COPY、HEAD、OPTIONS、LINK、UNLINK、PURGE、LOCK、UNLOCK、PROPFIND、VIEW等，如图7-19所示。

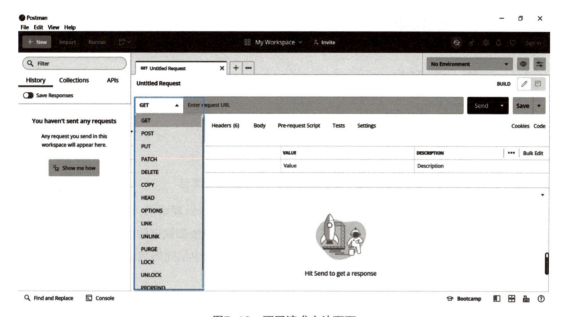

图7-19　不同请求方法页面

其中GET和POST两种方法在接口测试中使用最为频繁，其他方法使用较少，这里不做过多赘述。下面对GET和POST两种方法进行简单介绍。

GET方法主要用来接收数据，不需要借助任何工具，直接在浏览器中输入访问URL便可发送请求，请求指定的页面信息，并返回实体主体，如图7-20所示。或者将请求数据放在URL里，单击"Send"按钮发送，便可获得请求结果，如图7-21所示。

图7-20　GET请求在浏览器中发送请求页面

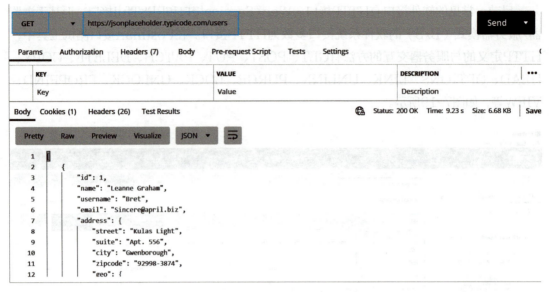

图7-21　GET请求在URL中发送请求页面

POST方法通常用来发送数据，向指定资源提交数据进行处理请求，请求数据放在Body里，POST请求与GET请求不同，POST请求存在用户向端点添加数据的操作，可能会导致新的资源的建立或已有资源的修改。例如，使用前面GET请求中相同的数据，添加新用户，如图7-22所示。

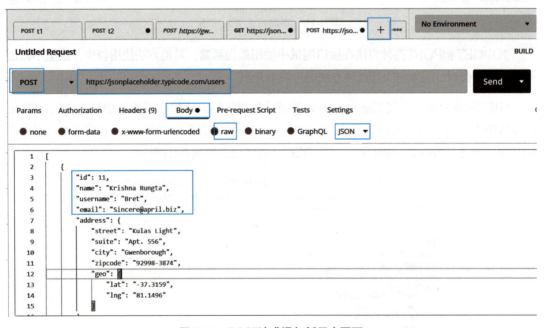

图7-22　POST请求添加新用户页面

完成信息输入后，单击"Send"按钮，Status为201，显示为创建成功，返回数据可以在Body中查看，如图7-23所示。

单元7
人机对话系统软件测试实战

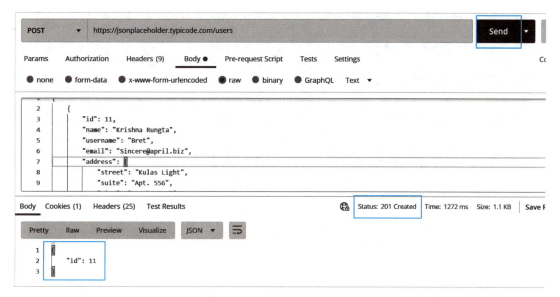

图7-23 成功创建新用户页面

Postman接口测试工具通过GET和POST两种请求方式模拟客户端向服务器发送请求。其中，接口收发包的过程可以理解为通过快递公司寄快递，需要知道对方的地址（URL）、选择快递公司（HTTP方法）、填写快递单（头域信息）、包装快递物品（发送请求参数）。Postman接口请求过程及接口响应验证过程如图7-24和图7-25所示。

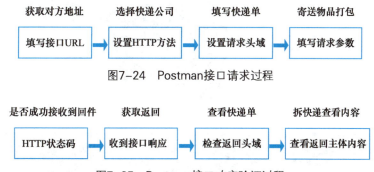

图7-24 Postman接口请求过程

图7-25 Postman接口响应验证过程

任务实施

1. 在客户端安装Postman

扫码看视频

第一步：打开百度搜索页面，输入Postman，进入Postman官网，拖动最右侧滚动条到页面最下方，单击"Download App"，如图7-26所示，或者直接访问网址https://www.postman.com/downloads/，两种方式均可打开Postman官网下载页面，如图7-27所示。

第二步：单击左侧"Download the App"按钮，如图7-28所示，根据系统选择合适的版本进行下载。

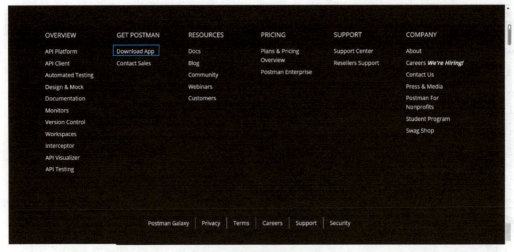

图7-26　Postman官网

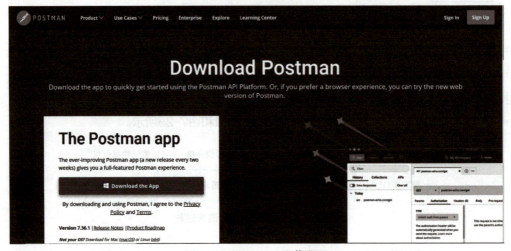

图7-27　Postman下载页面

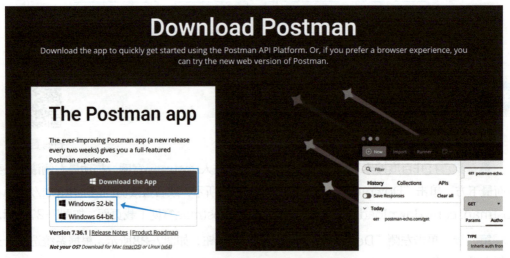

图7-28　软件版本下载

单元7 人机对话系统软件测试实战

第三步：双击安装包，自动安装到本地计算机中，如图7-29所示，证明安装成功。

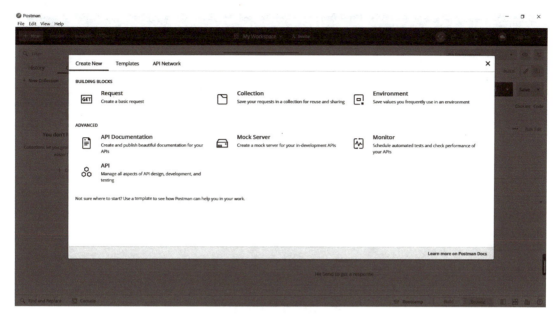

图7-29　Postman主页面

2．使用GET方法检索天津天气数据

第一步：双击打开Postman主界面，如图7-30所示。

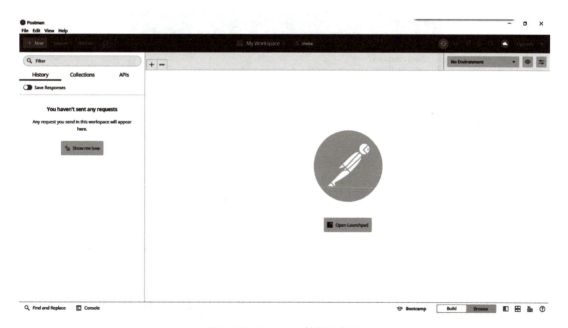

图7-30　Postman软件主窗口

第二步：单击"+New"，在弹出的窗口中选择"Request"，如图7-31所示，新增一

个测试请求。

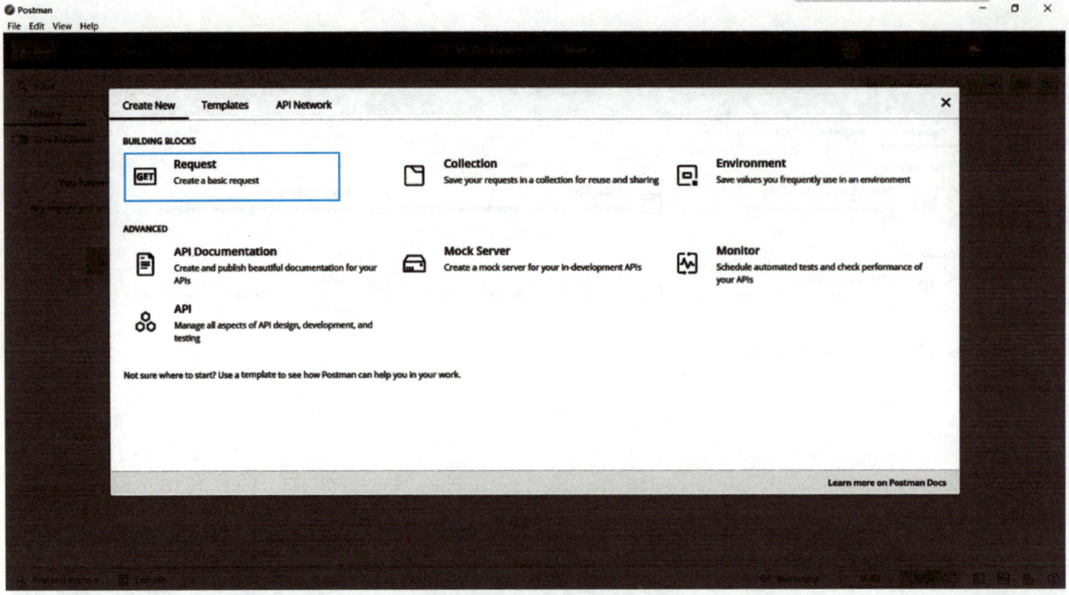

图7-31 新增测试窗口

第三步：在弹出的窗口中填写测试请求的基本信息，如图7-32所示，如果已有现成接口集可以直接选中，如果没有，可以单击"+ Create Folder"按钮新建一个接口集以便保存，填写完成后单击"Save to天气"按钮保存即可。

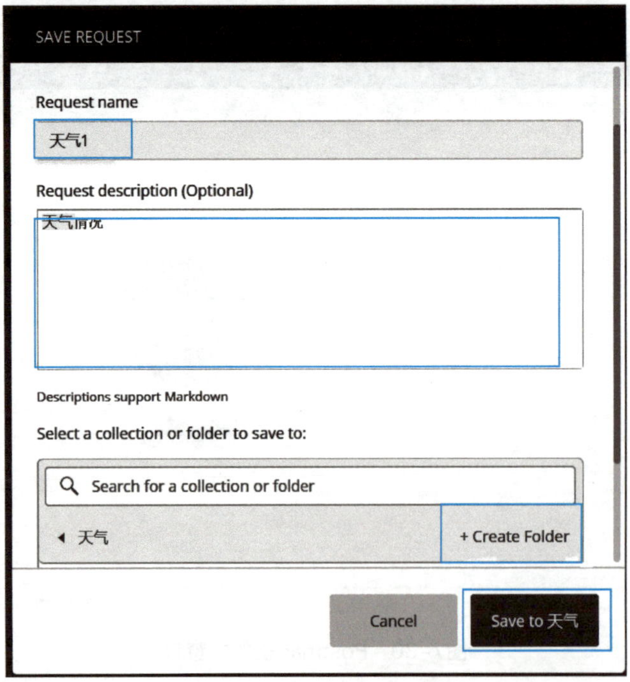

图7-32 接口信息填写

第四步：使用"天气API"网站中的API文档进行测试，在URL文本框中输入接口地址https://www.tianqiapi.com/api，在Params选项卡中参照接口文档输入参数类型，参照测试用例输入参数值，如图7-33所示。

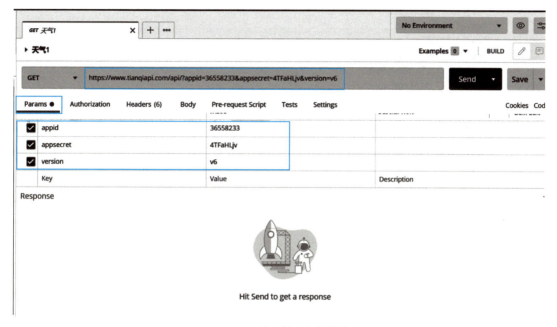

图7-33　填写接口参数信息

第五步：单击"Send"按钮即可看到接口返回的内容，如图7-34所示，对比接口文档及用例可判断出返回结果是否正确。

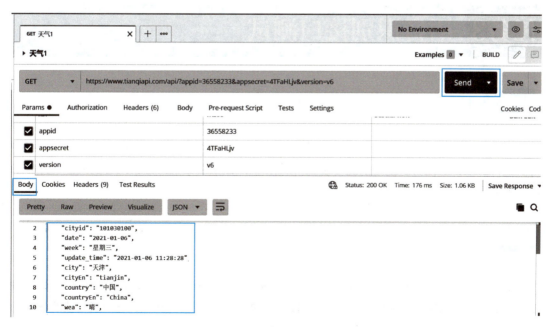

图7-34　接口返回内容

其中cityid、city和ip参数三选一提交,如果不传,默认返回当前IP所在城市的天气情况,cityid优先级最高,接口文档及用例可进入"天气API"网站查看,如图7-35所示。

```
{
    "cityid":"101271201", #城市编号
    "date":"2020-07-15",
    "week":"星期三",
    "update_time":"10:15", #更新时间
    "city":"内江", #城市名称
    "cityEn":"neijiang",
    "country":"中国",
    "countryEn":"China",
    "wea":"阴", #实时天气情况
    "wea_img":"yin",
    "tem":"25", #实时温度
    "tem1":"29", #高温
    "tem2":"23", #低温
    "win":"西风", #风向
    "win_speed":"2级", #风力等级
    "win_meter":"小于12km/h", #风速
    "humidity":"97%", #湿度
    "visibility":"24.22km", #能见度
    "pressure":"961", #气压
    "air":"15", #空气质量
    "air_pm25":"8", #pm2.5
    "air_level":"优",
    "air_tips":"空气很好,可以外出活动,呼吸新鲜空气,拥抱大自然!",
```

图7-35 接口文档及用例

任务3 语音识别接口测试

任务描述

对于采集到的语音数据,经常希望能够以更快、更便捷的方式将语音中的内容以文字的方式进行显示,本任务将使用前面安装的Postman测试工具来进行语音内容的识别,并显示语音内容。

任务目标

通过本任务进一步深入学习使用Postman测试工具,对采集到的语音数据进行语音内容识别,实现语音识别接口测试,其目标是将语音数据中的词汇内容转换为计算机可读的输入,然后进行显示。

单元7 人机对话系统软件测试实战

任务分析

使用Postman接口测试工具实现语音识别的具体思路如下：

第一步：创建接口请求文件，选择POST请求方式。

第二步：设置Headers和Body的参数。

第三步：在URL中输入请求网址后单击"Send"按钮发送请求。

知识准备

1. Postman界面选项卡介绍

通过Postman接口测试工具完成语音识别接口测试任务，首先需要了解Postman软件主界面中请求区域和显示区域各个选项卡的含义。

请求区域中各选项卡的含义如下：

1）Params：单击可以设置URL参数的key和value值。

2）Authorization：身份验证，主要用于填写用户名和密码，以及一些验签字段。

3）Headers：填写请求头部信息。

4）Body：通常用于POST请求时设置key-value键值对。Body下包含几个小标签，分别表示：

① form-data：既可以单独上传键值对，也可以直接上传文件（当上传字段是文件时，会有Content-Type用于说明文件类型，但该文件不会作为历史保存，只能在每次需要发送请求的时候重新添加文件），form-data是POST请求里较常用的一种格式。

② x-www-form-urlencoded：对应信息头-application/x-www-from-urlencoded，会将表单内的数据转换为键值对。

③ raw：可以上传任意类型的文本，如text、json、xml等，所有填写的文本都会随着请求发送。

④ binary：对应信息头-Content-Type:application/octet-stream，只能上传二进制文件，且没有键值对，一次只能上传一个文件，无法保存历史，每次需重新选择文件进行提交。

5）Pre-requerst Script：可以用于在请求前自定义请求数据，运行于请求之前。

6）Tests：通常用于写测试，设置检查点验证响应状态是否正常，运行于请求之后，支持JavaScript语法。Postman每次执行request的时候，会执行Tests。测试结果会在Tests的tab上面显示通过的数量以及对错情况。它也可以用来设计用例，如要测试返回结果是否含有某一字符串。

显示区域各个选项卡的含义如下：

1）Body：包含四种视图显示方式：Pretty、Raw、Preview、Visualize。

2）Cookies：Postman本地客户端可以直接使用Cookies，Chrome浏览器则需要借助Interceptor插件才可以使用Cookies。

3）Headers：在Header选项卡中，Headers显示为 key/value 对。

4）Tests：为执行断言后的测试结果。

2．JSON格式传参方式

在Postman测试工具中，当参数为JSON格式时，主要有raw和form-data两种传递参数的方式。需要注意的是，raw和form-data作为Body请求体当中的请求类型，当接口请求的参数是JSON格式，同时请求方式为POST类型时，才可以选择使用Body请求体。选择"POST"请求类型，并在参数模块中选择"Body"，如图7-36所示。

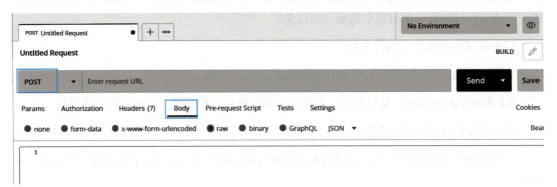

图7-36　使用Body请求体

（1）raw方式

当Body请求体中的请求类型为raw时，可以发送任何格式的文本数据，包括Text、JavaScript、JSON、HTML、XML等；当发送请求体的数据格式为JSON时，raw请求体的内容格式可以自定义选择，如图7-37所示。

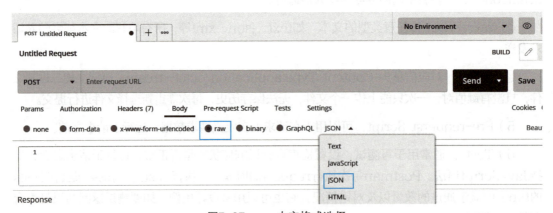

图7-37　raw内容格式选择

单元7 人机对话系统软件测试实战

（2）form-data方式

form-data是以表单方式传输数据的一种默认的编码格式，传输过程类似于在网上填写表单然后提交，所填写的表单数据可以为键-值对形式，也可以以文件形式上传，如图7-38所示。

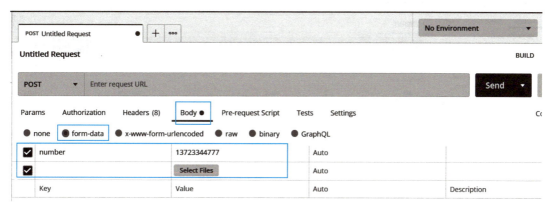

图7-38　form-data数据

任务实施

扫码看视频

通过Postman接口测试工具实现语音识别接口测试的具体步骤如下。

第一步：打开Postman软件，进入软件主界面，单击"+New"按钮新建一个测试请求文件，将其命名后，选择文件夹并单击"Save"按钮保存，如图7-39所示。

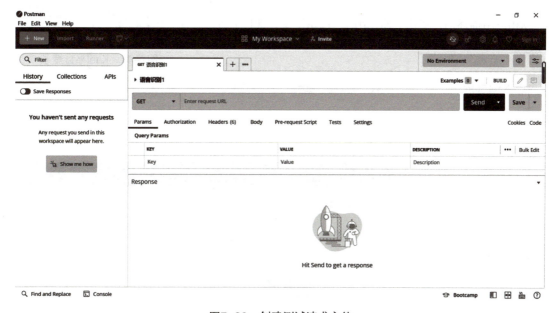

图7-39　创建测试请求文件

第二步：单击倒三角按钮"▼"切换请求方式，将默认的请求方式GET切换为POST，如图7-40所示。

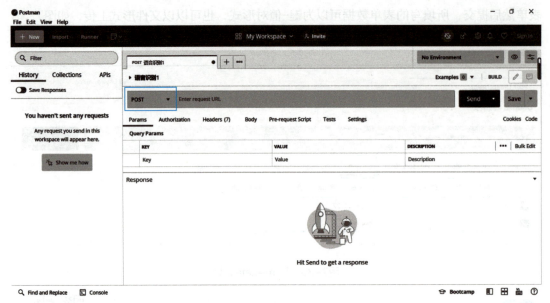

图7-40　切换请求方式为POST

第三步：打开浏览器，输入网址https://kael.tvs.qq.com/my/app/new，进入Kael Store平台中申请传送门，单击微信图标，用微信扫描弹出的二维码完成登录，如图7-41所示。

第四步：登录后，进入Kael创建应用界面，输入应用标题和应用描述后，单击"Submit"按钮提交，如图7-42所示。

图7-41　Kael平台登录

图7-42　Kael创建应用界面

第五步：进入创建应用成功界面，查看生成的AppKey，如图7-43所示。

图7-43　创建应用成功

第六步：返回Postman测试请求界面，填写请求头Headers下的KEY和VALUE值。其中，第一个KEY值"Appkey"的值为Kael平台中生成的 "d9d3bb9041ff11ebb4c29d2aec960315"，第二个KEY值"Content-Type"需要填写为"multipart/form-data;boundary=http-multipart-boundary"，其中，boundary 可以为随机字符串，如图7-44所示。

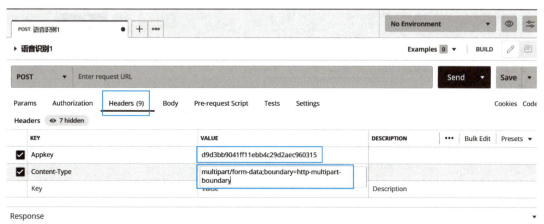

图7-44　Headers填写界面

第七步：填写请求体Body下form-data标签中的KEY和VALUE值，其中第一个KEY值需要设置为"metadata"，格式选择"Text"，第二个KEY值Content Type设置为"application/json; charset=utf8"，如图7-45所示。

第八步：填写KEY值metadata对应的VALUE值，值为JSON格式的数据，如图7-46所示。

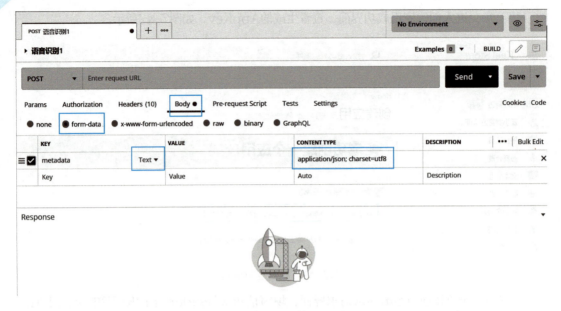

图7-45 Body填写界面

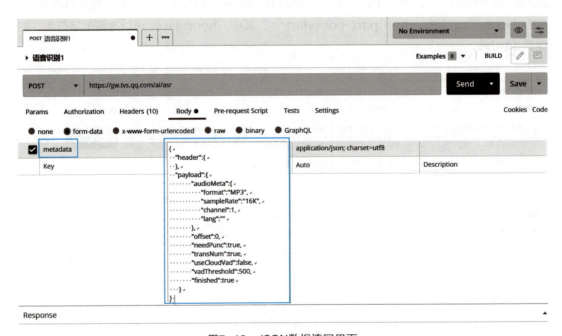

图7-46 JSON数据填写界面

第九步：上传音频文件，第二个KEY值设置为"audio"，格式选择File类型，同时Content Type填写"audio/wave"，如图7-47所示。

第十步：单击"Select File"按钮选择本地音频文件，如图7-48所示。

第十一步：输入POST请求网址，单击"Send"发送按钮，如图7-49所示。

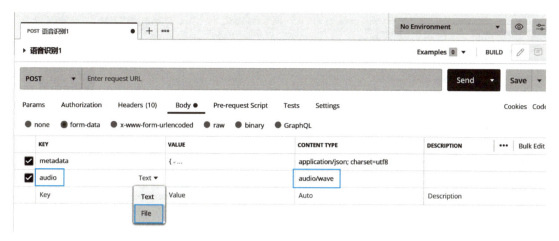

图7-47　上传音频文件设置界面

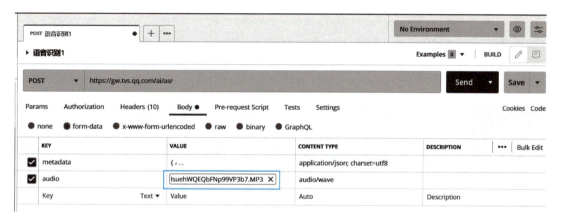

图7-48　上传本地音频文件

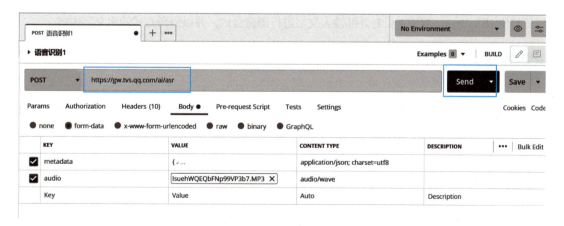

图7-49　输入Post请求网址

第十二步：查看识别结果，在下方Body选项卡内可以看到运行后的结果，"Status"为200表示运行成功，同时"text"的值为语音识别内容，如图7-50所示。

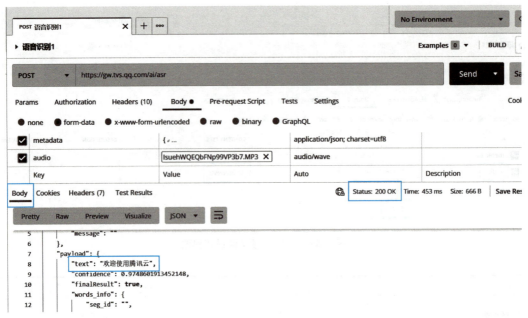

图7-50 查看识别结果

任务4 语音合成接口测试

任务描述

对于一段文字,为了更便捷地了解全部文字内容,经常希望能够通过语音方式进行输出,本任务将使用Postman测试工具对外部输入文字进行语音合成,并以语音方式输出文字内容。

任务目标

通过本任务学习使用Postman实现语音合成,将计算机自己产生的或外部输入的文字信息转变为可以听得懂的、流利的汉语口语进行输出。

任务分析

使用Postman接口测试工具实现语音合成的具体思路如下:

第一步:创建接口请求文件,选择POST请求方式。

第二步:设置Headers和Body的参数。

第三步:在URL中输入请求网址后单击"Send"按钮发送请求。

Postman响应状态

当Postman测试工具中的测试请求发送后,响应状态信息会显示在Postman主界面的状态显示区,如图7-51所示,其中包括响应状态码"Status"、响应时长"Time"和响应体大小"Size"。

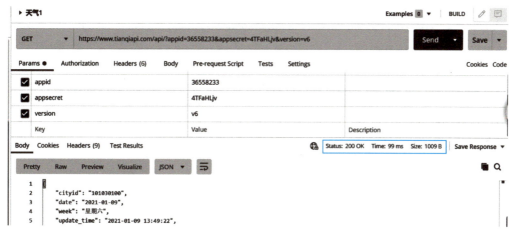

图7-51 响应状态信息

在Postman当中需要清楚区分HTTP状态码与响应正文中的状态码,如图7-52所示。其中,HTTP定义,当HTTP状态码为200时,证明发送请求成功,而响应正文中的状态码由程序员自定义,可以定义为200,也可以定义为其他值,目的是为了让接口使用者便于区分正常数据和异常数据。

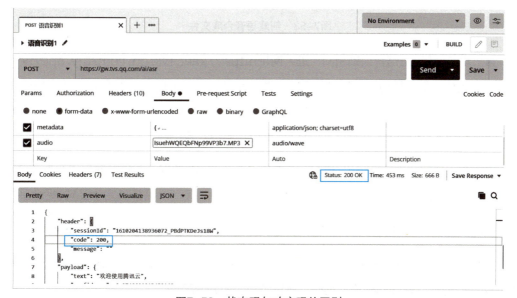

图7-52 状态码与响应码的区别

任务实施

通过Postman接口测试工具实现语音合成的测试具体步骤如下。

第一步：打开Postman软件，进入软件主界面，单击"+New"按钮新建一个POST测试请求文件，将其命名，如图7-53所示。

扫码看视频

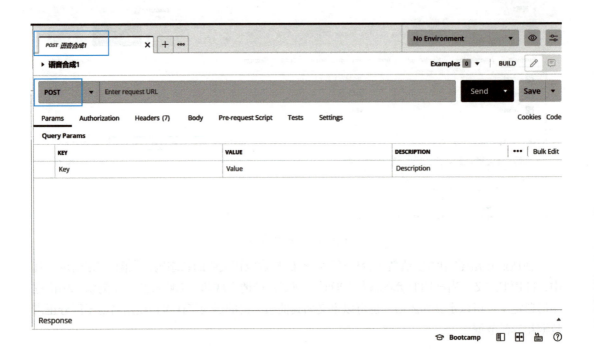

图7-53 创建语音合成文件

第二步：同任务3语音识别相同，进入网址https://kael.tvs.qq.com/my/app/new，在Kael平台中申请传送门，使用微信登录，跳转至网页。登录后，进入Kael创建应用界面，输入应用标题和应用描述后单击"Submit"按钮提交，生成AppKey，将AppKey值输入请求头Headers下"appkey"对应的VALUE值内，如图7-54所示。

第三步：填写请求体Body。填写raw选项卡下的JSON数据，并将数据格式改为JSON格式，如图7-55所示。

第四步：在URL中输入POST请求地址，单击"Send"按钮发送，如图7-56所示。

第五步：查看语音合成测试结果，Status为200时，表示测试成功，"dataBase64"为合成后的音频数据，以Base64格式编码，测试结果如图7-57所示。

单元7 人机对话系统软件测试实战

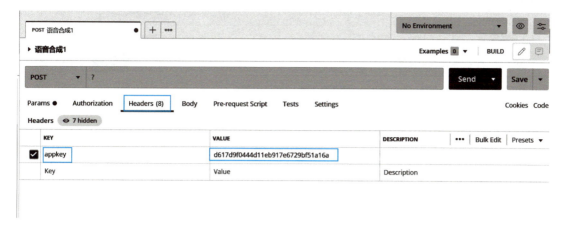

图7-54 填写请求头Headers

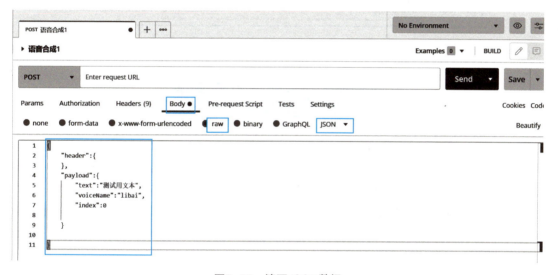

图7-55 填写JSON数据

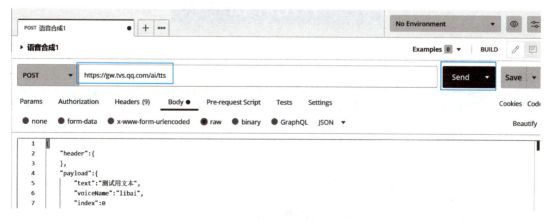

图7-56 输入POST请求地址

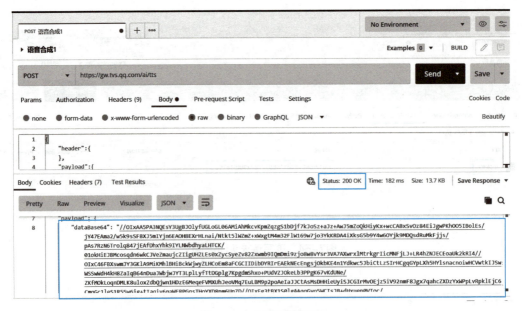

图7-57 查看测试结果

单元小结

软件测试是软件开发过程中十分重要的一个环节，需要贯穿软件开发的整个生命周期。软件测试主要是为了能尽早发现所开发软件中存在的潜在问题，验证软件是否符合用户的需求等。其中，接口测试作为软件测试中较为高效的一种测试方法受到了软件测试人员的一致青睐。通过本单元对软件测试的学习，读者了解了接口测试的基础知识，掌握了Postman接口测试工具的安装及使用，并通过对使用Postman完成语音识别和语音合成任务的学习，具备了自己使用Postman完成接口测试的能力。

单元评价

通过学习以上任务，看看自己是否掌握了以下技能，在技能检测表中标出已掌握的技能。

评价标准	自我评价	小组评价	教师评价
了解软件测试的定义、目的、原则及分类等基础知识			
能够熟练进入腾讯云小微开放平台，并实现功能测试			
熟悉接口测试的基本原理以及Postman接口测试工具			
能够熟练掌握Postman的安装和接口传值过程			
能够掌握用Postman实现语音识别和语音合成的过程			
能够在所创建的请求任务中配置基本信息和参数			

备注：A为能做到；B为基本能做到；C为部分能做到；D为基本做不到。

课后习题

一．选择题（单选）

1．在软件开发完成并投入使用后，由于多方面的原因，软件不能继续适应用户的需求。要延续软件的使用寿命，就必须对软件进行（　　）。

　　A．维铲　　　　B．开发　　　　C．重新设计　　　　D．测试

2．（　　）是测试工作的指导，是软件测试必须遵循的准则，是软件测试质量稳定的根本保障。

　　A．测试计划　　B．测试需求　　C．测试大纲　　　　D．测试用例

3．下列说法不正确的是（　　）。

　　A．测试不能证明软件的正确性

　　B．测试人员需要良好的沟通技巧

　　C．QA与testing属于一个层次的概念

　　D．成功的测试是发现了错误的测试

二、选择题（多选）

1．接口文档应该包括哪些内容？（　　）

　　A．服务器地址　　　　　　　B．服务请求参数说明

　　C．请求示例、返回结果示例　D．返回状态码说明

2．HTTP接口的常用方法有哪些？（　　）

　　A．POST　　　　B．GET　　　　C．DELETE　　　　D．PUT

三、实践操作

参考单元5任务1中的语义识别案例，使用Postman创建一个接口测试文件，实现语义识别。

参 考 文 献

[1] 王昊奋,邵昊,李方圆,等.自然语言处理实践:聊天机器人技术原理与应用[M].北京:电子工业出版社,2019.

[2] 刘鹏,张燕.数据标注工程[M].北京:清华大学出版社,2019.

[3] 刘欣亮,韩新明,刘吉,等.数据标注实用教程[M].北京:电子工业出版社,2020.

[4] 马延周.新一代人工智能与语音识别[M].北京:清华大学出版社,2019.

[5] 乔冰琴,郝志卿,王冰飞,等.软件测试技术及项目案例实战[M].北京:清华大学出版社,2020.

[6] 刘宇,崔燕红,郭师光,等.聊天机器人:入门、进阶与实战[M].北京:机械工业出版社,2019.